俄罗斯棒针编织的秘密

绝美的
奥伦堡蕾丝披肩编织

俄罗斯棒针编织百科

完整的教学指南　**15**款传统设计

〔俄罗斯〕斯韦特兰娜·罗吉诺娃　著

舒舒　译

河南科学技术出版社

·郑州·

备案号：豫著许可备字–2022–A–0034

图书在版编目（CIP）数据

绝美的奥伦堡蕾丝披肩编织 /（俄罗斯）斯韦特兰娜·罗吉诺娃著；

舒舒译. —郑州：河南科学技术出版社，2024.7

ISBN 978–7–5725–1474–6

Ⅰ.①绝… Ⅱ.①斯… ②舒… Ⅲ.①围巾—绒线—编织—图集

Ⅳ.①TS941.763.8–64

中国国家版本馆CIP数据核字（2024）第041383号

出版发行：河南科学技术出版社

　　　　地址：郑州市郑东新区祥盛街27号　　邮编：450016

　　　　电话：（0371）65737028　　　65788613

　　　　网址：www.hnstp.cn

责任编辑：张　培

责任校对：耿宝文

封面设计：张　伟

责任印制：徐海东

印　　刷：北京盛通印刷股份有限公司

经　　销：全国新华书店

开　　本：889 mm×1 194 mm　1/16　印张：19　字数：400千字

版　　次：2024年7月第1版　　2024年7月第1次印刷

定　　价：158.00元

如发现印、装质量问题，影响阅读，请与出版社联系并调换。

作者的话

奥伦堡披肩世界闻名。这种独特的手工编织蕾丝和巴甫洛夫波萨德头巾、格日村陶瓷器、沃洛格达花边、若斯托沃彩绘托盘、帕列赫小型漆画、罗斯托夫珐琅、霍赫洛玛装饰画等齐名，它的美丽令人惊艳。

几百年来，传统的奥伦堡披肩一直使用着同样的花样。这些花样代代相传，有利于保留其编织特点。镂空花样和独特的绒毛材质，是轻巧的蛛网蕾丝披肩和厚实披肩不可或缺的一部分。而蛛网蕾丝披肩和厚实披肩，又是奥伦堡披肩的两大主要类型。

我想为你们打开这个让人惊叹的蕾丝世界，并讲述我是如何对它感兴趣的。自12岁起，我就迷上了编织，但是对奥伦堡披肩，尤其是轻柔的蛛网蕾丝披肩，我却是在近些年才陷进去的：自2014年以来，我的"镂空披肩储蓄罐"已攒下超过30款设计、200多款披肩图解。我将与你们分享其中我最喜欢的作品。

本书收录了15款传统设计和图解。借助这些图解，你可以在传统的奥伦堡花样的基础上，编织出独特又轻柔的镂空披肩和厚实披肩。

你将从中了解到披肩的历史，认识它的结构特征，学习如何编织花样、如何组合花样。我还将介绍如何挑选线材和棒针，如何正确地为披肩定型，如何保养披肩。让我们一起从编织一件小小的样片开始学习，再进阶到编织真正的披肩。

我建议你从几条简单的披肩开始练手，完成后再继续挑战编织更复杂的作品。每件作品都提供了图解、编织过程的详细描述和步骤图。为了保持披肩原本的特点，我在图解中特意只使用传统的花样和排列方式，而不采用来自其他文化的元素和镂空设计。对我而言，奥伦堡披肩正是传统花样的一个综合体，它清晰地表明了一条披肩所代表的特定的工艺。

我一整年都会携带披肩。夏天我会在凉爽的夜晚将披肩披在肩膀上，冬天我会用它们抵御严寒。我多么希望奥伦堡披肩未来也不会过时，希望它能与时俱进，有更多的人乐意去编织和使用它。

目　录

4

你的第1条披肩 ·········· **83**

5

14款绝美的奥伦堡披肩编织 ······· **123**

1

奥伦堡披肩

历史起源

奥伦堡绒毛披肩已有近三个世纪的历史。
轻巧的蛛网蕾丝披肩和温暖的厚实披肩有着原创的镂空花样，以其无与伦比的美丽让全世界为之倾倒。

传统的奥伦堡披肩几百年来都使用独特的花样编织，这些花样代代相传，举世闻名。奥伦堡绒毛披肩作为俄罗斯手工业的象征之一，与巴甫洛夫波萨德头巾、格日村陶瓷器、沃洛格达花边、若斯托沃彩绘托盘、帕列赫小型漆画、罗斯托夫珐琅、霍赫洛玛装饰画等齐名。它是俄罗斯的文化象征。

谁是第一个想到编织这种披肩的人呢？答案至今尚未揭晓。

编织的手工业，早就存在于俄罗斯的农村里。在弗拉基米尔、科斯特罗马、雅罗斯拉夫尔等省（译者注：俄国18世纪起实行的行政区划单位，苏联1929年前曾沿用），居民们以手工编织为生。有可能更早，甚至早在奥伦堡州建立前，来自俄罗斯中部的某些手工艺人就开始使用绒毛线编织，并将编织花样与以植物、雪花等为主题的装饰元素相结合。而本地绒毛线的存在，促进了这门手工艺的发展。这一点可以通过现存的披肩的组合元素和装饰花样的名称来证实。

在该地区以外，奥伦堡披肩在18世纪也已闻名遐迩。

1766年，彼得·伊万诺维奇·雷奇科夫发表了《山羊毛的经验》的研究报告，提出了在奥伦堡地区建立绒毛线编织业的建议。

欧洲人第一次看到奥伦堡绒毛披肩是1851年在伦敦举办的万国工业博览会上。玛利亚·佐丽娜和邦达列夫斯基姐妹的披肩得到了皇家专项委员会的特别表扬和奖章。

1882年，在莫斯科举行了大型的全俄工业和艺术展览会，展出了哥萨克人叶菲姆·卡尔波夫的披肩、卢克丽娅·阿列克谢耶夫娜·乌姆诺娃的13条彩色绒毛披肩，以及哥萨克人达里娅·谢尔盖耶夫娜·洛什卡列娃的长4米、宽3.5米的白色披肩。

20世纪初，有人编织过1000针（1行）的披肩。这种披肩的长度大约为4米

1939年奥伦堡手工业合作社成立，1960年改为工厂生产，工艺品的年产量达98 000件。

披肩可以完全由工厂生产、组合或手工制作。

组合式披肩是先用机器做初加工，再由手艺人拿着机器制作的中心织片，用工厂提供的纱线手工制作（披肩的）装饰边框和齿状花边。这种披肩是用次等的绒毛线编织的，和纯手工编织的披肩相比，更适合普通消费者。

当时也生产非常简单的小披肩，仅由机器编织的中心织片和手工编织的齿状花边组成（没有装饰边框）。这样的披肩通常可以在旧货店找到，或者是由老辈人留下来。

手工编织的披肩是用二月里级别最高的绒毛线织成的（织披肩的通常为女手艺人）。轻薄到可以穿过戒指的蛛网蕾丝披肩的故事，被谱写成了歌曲传唱。那些用字母"H"来标记（最高品质）的披肩，被送往俄罗斯各地和国际展览会参展。

在1985年之前，真正的奥伦堡手工披肩被作为工艺品出口，仅在俄罗斯纪念品商店和小桦树商店出售。

奥伦堡披肩的编织秘密被仔细保存。女手艺人在"秘密圈子"中传承编织技术——由祖母传给孙女，再由母亲传给女儿。

最初，绒毛披肩是由两三股绒毛线纺成的纱线织成的。随着时间的推移，由于经济原因，人们开始将绒毛线与丝线或棉线进行混纺后编织。

当然，最有价值的就是用纯绒毛线制作的披肩。混纺材料的添加会使作品的品质下降：纸纱会摩擦纱线并产生小孔；丝纱虽然增加了光泽和耐用性，但会变黄；染色纱在水洗时会脱色等。

————————

只有绒毛纱与经纱结合（纱线捻合）起来，才能生产出优质的纱线。为了节省时间，一些编织者直接将绒毛线拉到经纱上（纱线拼接）。生产这样的纱线所需的时间较短，用它制作的披肩可较快出售。但随着时间的推移，这种披肩上的绒毛会逐渐脱落

这里必须特别提到奥尔加·亚历山德罗夫娜·费奥多罗娃。她从小就与绒毛线打交道：先收集，再对其进行清理，然后进行编织。她那条用3种不同颜色的纱线编织成的披肩，自1959年以来一直由位于圣彼得堡的俄罗斯博物馆收藏。

她是一位天才的编织者，对奥伦堡披肩的发展做出了巨大的贡献：她发明了新的镂空元素——"费奥多罗娃枞树花样""费奥多罗娃雪花花样"，并设计了彩色的编织符号来表达基础的奥伦堡编织花样。

奥尔加·亚历山德罗夫娜·费奥多罗娃在奥伦堡艺术学校教授绒毛披肩编织，她有十多条披肩都被奥伦堡地方艺术博物馆收藏。

虽然我们素未谋面，但她仍是我的老师。2013年，正是从她的《奥伦堡披肩是这样织成的》一书开始，我爱上了披肩。我根据书中小小的图片，用基本花样为自己绘制了一个图解，编织出了我的第1条长披肩。

奥伦堡披肩的分类：
厚实披肩和蛛网蕾丝披肩

在《俄语详解词典》中，弗·伊·达利对"披肩"（шаль）一词给出了这样的定义：肩上的长披肩，双面的披肩。俄语中"披肩（шаль）"一词来自英语（shawl），但在俄语中是指头巾、披肩、手帕——一种四边形的布块，有时是帆布材质的。

我们习惯用"披肩"这个词来称呼奥伦堡披肩。

但奥伦堡披肩有各种各样的类型。

厚实披肩：更密实、更重，中心织片没有图案。厚实披肩的主要特征是结实、耐用、保暖。

这样的披肩是用较粗的纱线编织成的，作品的重量可能超过400克。为了减轻编织者双手的负担，可将披肩分成若干部分，4条装饰边框和中心织片分开编织，然后以特殊的方法将它们组合起来。

厚实披肩最大的美感在于它的装饰边框和花边。它的中心织片一般是用重复的起伏针编织的（也叫实心的花样，或称为厚实披肩的基础），或者只在对角区有镂空的图案。在这种情况下，花边是必要的，它用于连接装饰边框和中心织片。

厚实披肩的装饰边框被称为"饰花"（пришвной）。它由2种或3种带有图案的饰边组成，装饰性地排列、组成花样。

饰边中间图案的顶部和底部为相同的图案，以突出中间图案。将披肩的装饰边框与中心织片连接起来的花片，必然重复了装饰边框的中间图案，与之相呼应。

保暖的厚实披肩也被称为标准披肩，而轻薄的蛛网蕾丝披肩则被称为手工爱好者的披肩

奥伦堡披肩是用起伏针编织的（即无论正反面都使用下针编织），没有使用上针，这非常方便。披肩的两面看起来都很漂亮，而且编织起来更容易、更快捷。

起伏针织面

蛛网蕾丝披肩：这种纤细、轻柔的披肩是镂空的，重量很轻，因精致的镂空花样和柔软的触感而受到重视。

"蛛网蕾丝"这个名字的出现是有原因的：这些披肩使用非常细的纱线，编织出了与蜘蛛网相似的顶级蕾丝作品。一件蛛网蕾丝披肩的重量只有80~150克。

蛛网蕾丝披肩有不同的形状：

- 方披肩
- 长披肩
- 三角披肩

长披肩和三角披肩是在20世纪下半叶出现的，而经典的方披肩出现的时间比它们更早

这样的披肩是用一整块织片织成的。传统蛛网蕾丝披肩的构成包括齿状花边、宽大的镂空装饰边框、装饰边框与中心织片之间的篱笆饰带以及中心织片本身。

有一个传统是将蛛网蕾丝披肩穿过戒指：一条600针（1行）的蛛网蕾丝作品，尺寸为180厘米×180厘米，可从一个22号的戒指中穿过

编织传统的奥伦堡披肩时，使用的是最简单的针法——下针、挂针、下针的2针并1针和下针的3针并1针。

披肩的尺寸由针数决定。另外，作品中的针数越多，要准备的纱线和棒针就越细。

奥伦堡披肩是用细长的棒针编织的，棒针直径约1.6毫米。需要编织镂空花样的那一行被称为镂空行，只编织下针的那一行被称为简单行。

早些时候，人们织过非常轻薄的大型披肩，长度为3.5~4米。超过700针（每行）的披肩被称为"珠子"披肩：它们的针目像珠子一样小。而小于400针（每行）的披肩被认为是小披肩——对编织者来说是小菜一碟

2

传统奥伦堡蛛网蕾丝披肩

传统奥伦堡蛛网蕾丝披肩由3部分组成：

- 带齿状花边的装饰边框
- 篱笆饰带
- 中心织片

齿状花边并不是最开始就有的，最早的披肩仅由装饰边框、篱笆饰带和中心织片构成

披肩通常是一个正方形结构：位于中央的中心织片被篱笆饰带所包围，周围则是带有齿状花边的装饰边框。

这几部分的尺寸、花样都不一样，而且有各自的用途——这些体现在蛛网蕾丝披肩的花样设计中，也体现在披肩的佩戴中。

齿状花边：是带有锯齿花样的带状花边，围绕在整条披肩的四周。

装饰边框：披肩的第1部分，比篱笆饰带宽两三倍。它的花样与中心织片的花样遥相呼应、协调一致，形成了披肩的单一几何构成。

篱笆饰带：分隔了中心织片和装饰边框，比装饰边框的宽度小。

装饰边框和篱笆饰带一起为披肩的中心织片构建了一个镂空框架，它们占到了中心织片面积的1/3~1/2。保持这种比例，整体构图就看起来很和谐。

中心织片：这是作品最大的部分，也是披肩的中心，整个披肩的构成都是围绕它展开的。

编织披肩时，尊重构图的比例非常重要。应以大小图案的对称组合为基础，使披肩整体更协调。

以前的披肩是编织成正方形和长方形的。20世纪70年代，我们试图保持精确的对称性，只编织正方形的作品。如今，我们更注重在披肩沿对角线折叠时，两侧的尺寸和主要花纹保持一致

单轮中心织片的披肩——婚纱披肩（每条边有37个齿状花样）（草图）

齿状花边　　　装饰边框　　　篱笆饰带　　　中心织片

齿状花边

三角形锯齿花样组成的带状花边环绕在披肩四周，令披肩作品更完整。它们不仅点缀了作品，而且有助于披肩的定型，令其呈现出理想的形状。齿状花边可以说是披肩的第4部分，是一个独立的结构。

大多数情况下，有2种类型的齿状花边。

- 镂空更大、更宽的齿状花边——用于蛛网蕾丝披肩。
- 紧密且简单的齿状花边——用于厚实披肩。

简单版本的齿状花边　　　镂空版本的齿状花边

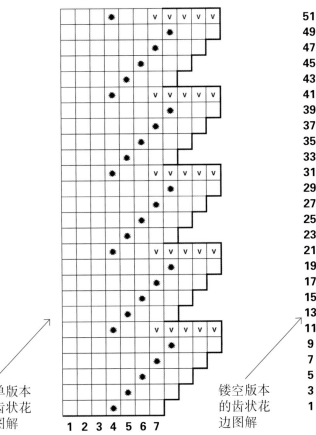

简单版本的齿状花边图解

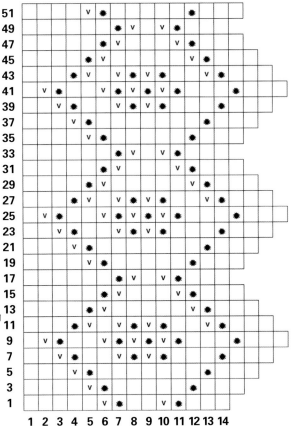

镂空版本的齿状花边图解

厚实披肩的齿状花边每个花样的高度为10行，而轻薄的蛛网蕾丝披肩的齿状花边每个花样的高度为16行。

在20世纪中叶以前，奥伦堡披肩都没有齿状花边，也没有用边缘花样进行装饰

利用齿状花边来对披肩定型是非常方便的——这很可能就是它们出现的原因。早期是因为定型条让披肩形成了波浪形的边缘（现代三角披肩上的锯齿形边缘就是这样形成的），后来人们专门把齿状花边编织出来。定型之后，这些齿状花边呈现出更明显的三角形。

设得兰披肩也有一个在披肩周边编织的锯齿状边缘。奥伦堡披肩最初是没有齿状花边的，有可能是借鉴了国际展会上设得兰披肩的设计。毕竟国际展会上的设得兰披肩和俄罗斯手工艺人的披肩会一起参展

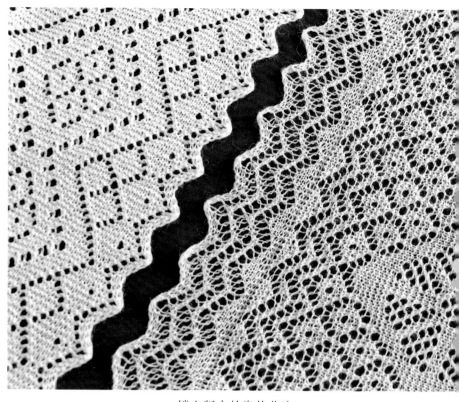

镂空版本的齿状花边

简单版本的齿状花边

装饰边框

人们经常混淆装饰边框和齿状花边（他们误以为齿状花边才是边框）。这是因为奥伦堡披肩的装饰边框被认为是镂空的蛛网蕾丝披肩不可分割的一部分，而我们更习惯将附着在作品外侧的东西称为边框。

披肩凤凰，每条边有33个齿状花样

奥伦堡披肩的装饰边框是一个宽大的镂空带状花样。它比齿状花边宽得多，并且紧挨着齿状花边编织。镂空、轻柔、宽松的装饰边框很容易编织，不仅出现在蛛网蕾丝披肩中，也出现在厚实披肩中。但厚实披肩的中心织片没有镂空花样，这是由它的用途决定的——在严寒中为头部保暖。

装饰边框起着重要的作用，让作品更和谐统一，因为它的花样通常与中心织片的花样一致，以衬托主要的花样。

但装饰边框并不总是镂空的。20世纪50年代以前编织的披肩，装饰边框主要由镂空菱形或小枞树花样（或小树林花样）组成，有时以其他花样的框架为背景。

在后来的披肩上，逐渐出现了不同形状的镂空雪花，整体形状为菱形，周围的背景上布满了三角形的豆子、鱼儿（这种装饰边框称为豆子组成的雪花花样、小米等）。

带有简单菱形装饰边框的织片

小枞树花样的变形——小树林花样

24

镂空雪花花样的装饰边框——豆子组成的雪花花样

篱笆饰带

篱笆饰带像一条小路将披肩的中心织片和装饰边框分隔开，它是一条非常狭窄的镂空装饰花样。

篱笆饰带中最常用的花样，是像小篱笆一样的格子花样，这也是它名字的来源。

一条披肩可以编织2条篱笆饰带。在这种情况下，中心织片将被一个奢华的框架包围——更宽、更多镂空花样。可以在装饰边框与齿状花边之间增加一条篱笆饰带，也可以在中心织片和装饰边框之间放置2条篱笆饰带。

浆果花样的篱笆饰带

以下2款作品均带有2条篱笆饰带。

带有2条篱笆饰带的披肩瓷砖，每条边有37个齿状花样

27

带有2条篱笆饰带的披肩俄罗斯图案，每条边有38个齿状花样

在一些披肩中，可能根本不使用篱笆饰带，而用实心针（平针或起伏针）编织的带状部分发挥分隔花样的功能。

披肩春天，无篱笆饰带，中心织片为满花图案

中心织片

中心织片是一条披肩最重要的部分，承担着装饰功能。当披上披肩时，中心织片正好出现在佩戴者的面部附近。

单轮结构的披肩凤凰，每条边有33个齿状花样

中心织片的装饰性构成

披肩中心织片的装饰性构成有3种经典类型，即单轮结构、五轮结构和满花图案。

在俄罗斯的刺绣和编织花样中，菱形象征着太阳，太阳则与家、温暖和幸福的概念有关。因为从技术上讲，在编织中，圆形几乎不可能再现，因此采用了斜置的正方形来表现。在披肩的花样中，它被称为菱形

❖ **单轮结构的披肩**：中心是一个菱形（或斜置的正方形）花样。它作为主要花样，是披肩的核心，其他所有元素都服务于它。

菱形的轮廓可以重复多次，每次可使用不同的花样编织。织出来的花样从中间扩散开来，在外侧层层环绕，就像石头扔进水里荡开的层层涟漪。

菱形的四个角指向披肩侧边的中心，在其周围形成的三角形区域，可用不同的编织元素填满。它们与中心织片和装饰边框的编织花样相得益彰。

例如，在披肩旋律中，中央的雪花花样被2层边框包围——第1层是三角形的豆子花样，第2层是三角形的斜线花样。披肩的对角区则被鼠迹花样填满。

单轮结构的披肩的一个变形是拥有13种菱形花样的披肩：正中间有1个菱形元素，每个对角区分别有3层尺寸较小的菱形元素。

旋律系列单轮结构的披肩，每条边有28个齿状花样

披肩的
对角区

单轮结构的披肩灵感

❖ **五轮结构的披肩**：在中间的菱形花样周围，还有 4个菱形元素。由此产生的图形类似于一个十字形。

菱形的大小、花样可能不同，也可能完全相同。

菱形和菱形之间形成三角区可以叫边角区。对角区和边角区可以是不同的花样。

边角区

旋律系列五轮结构的披肩，每条边有37个齿状花样。此披肩的中心菱形与另外4个菱形不同

五轮结构的披肩乡愁，中心菱形和另外4个菱形的尺寸不同，每条边有39个齿状花样。
对角区为小浆果花样，边角区为豆子花样

在上面这件蛛网蕾丝披肩中，中心菱形不仅大小与其他菱形不同，而且花样也不同。

要使这种菱形排列成功，需要选择那些由不同宽度和长度的花样组成的篱笆饰带。

这里选择了篱笆饰带中的蜂窝菱形，重复的花样不是正方形，而是长方形。

为了平衡高度的差异，中心织片的菱形由不同的尺寸构成（中心菱形会比较大）。披肩整体将是正方形的，只有中心织片是长方形的。

请注意，在这条披肩中，还为对角区和边角区选择了不同的花样。

❖ 满花图案的披肩：这种披肩的中心区域由单一的重复图案组成。满花的中心织片也可以是完全没有图案的，通常用在保暖型的披肩中。这种实心的织面上编织的没有图案的起伏针，有时被称为"厚实披肩的基础"。

满花图案的中心织片有不同的类型：

- 由单一分散的花样组成（花样的间距相等，分散在织物上）
- 以格子结构填充，格子里面有另外的花样
- 由不同元素交错排列的花样组成

披肩凤凰，满花图案的中心织片以豆子花样的格子构成，格子的中间是大浆果花样

满花图案的一个变形是包含9个轮状花样的披肩。在这种情况下，它们交错排列在中间。

你可以用任何中心织片来组成披肩，但一定要记住尊重披肩的装饰构图原则，否则花样就有可能杂乱无章。

注意：当使用不同的装饰构图时，不需要对篱笆饰带和装饰边框进行改变。

以同一个花样做不同的排列组合，可以编织出3条甚至更多中心织片不同的披肩。

旋律系列满花图案的披肩，每条边有31个齿状花样，中心织片由9个菱形雪花花样构成

3

奥伦堡披肩编织
基础知识

在传统的奥伦堡镂空编织中，只使用到4种针法：下针、挂针、下针的2针并1针、下针的3针并1针。

在编织花样之前，让我们先了解一下基本编织符号吧！

编织符号

✳ 挂针（用棒针朝自己的方向挑起编织线挂1圈）

V 下针的2针并1针：以下针的动作将2针并为1针（将右棒针从前向后同时送入2针中，挂线编织出1针）

T 下针的3针并1针：以下针的动作将3针并为1针（将右棒针从前向后同时送入3针中，挂线编织出1针）

☐ 下针

⊿ 扭下针（从后向前扭着编织的下针）

⊙ 豆子

⊙ 鱼儿

注释：

最后2个符号也是由挂针组成的，但在图解中会单独标注，这样就不会在反面行（豆子花样）或在下一行的正面行（鱼儿花样）中漏织。

12种传统奥伦堡披肩花样

奥伦堡披肩共有12种主要的传统花样：

- 小米花样
- 斜线花样
- 小浆果花样
- 大浆果花样
- 鼠迹花样
- 猫爪花样
- 珠路花样
- 豆子花样
- 蜂巢花样
- 小球花样
- 鱼儿花样
- 口琴花样

手艺人根据花样与某些物体、植物或自然现象的相似性来命名。每一个花样的名称都能让人立即理解并能在披肩上辨认出。这些花样可以分为3组。

- 小米及其衍生花样（如斜线、大浆果、小浆果、鼠迹、猫爪）
- 珠路花样——我把它单独列出，因为它的镂空洞眼形成原理有别于其他花样
- 豆子及其衍生花样（如鱼儿、口琴、蜂巢、小球）

在奥伦堡编织中，有些花样只在正面行编织镂空花样，例如小米、斜线、浆果、鼠迹、猫爪、珠路；有些花样则需要正面行和反面行都编织镂空花样，例如豆子、蜂巢、小球、鱼儿、口琴

小米花样

小米花样是最简单的元素，以它为基础可构成一些更复杂的花样。

小米花样如散落在织物上的小米

小米花样既可以形成水平的横向洞眼，也可以形成垂直的纵向洞眼。

在简单的披肩中，横向洞眼和纵向洞眼常被用作装饰边框花样的框架，使其与齿状花边和中心织片分开。它们为作品带来了空灵感和轻盈感。

你也可以用小米花样做成松果和三角形。请记住，三角形（金字塔，或者叫锯齿）因为是等腰的，因此通常很难将其对称地纳入披肩的构成。这就是为什么用小米花样组成的锯齿非常罕见。

小米花样的图解

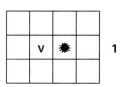

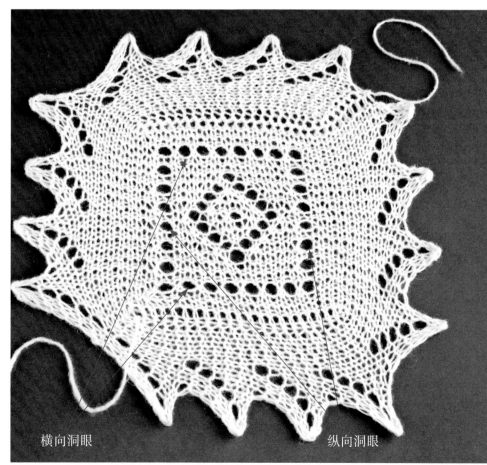

横向洞眼   纵向洞眼

斜线花样

这是一排排倾斜的洞眼，也被称为歪行或斜行。斜线花样在编织时很容易记住，可以组合出许多复杂的花样。

斜线花样始终存在于披肩中：在装饰边框和齿状花边中，总伴随着蜿蜒的蛇形花样（洞眼呈之字形排列，也被称为蛇形花样）。

斜线花样形成的蛇形花样的图解

						✳	v		✳	v			✳	v	**33**
					✳	v		✳	v			✳	v		**31**
				✳	v		✳	v			✳	v			**29**
			✳	v		✳	v			✳	v				**27**
v	✳			v	✳				✳						**25**
	v	✳			v	✳			v	✳					**23**
		v	✳			✳				✳					**21**
			v	✳			✳				v	✳			**19**
				✳	v			✳	v			✳	v		**17**
			✳	v			✳	v			✳	v			**15**
		✳	v			✳	v			v					**13**
		✳	v		✳	v			v						**11**
v	✳			v	✳			✳							**9**
	v	✳			v	✳			v	✳					**7**
		v	✳			✳									**5**
			v	✳			✳			v	✳				**3**
				v	✳		✳			v	✳				**1**

披肩薰衣草的装饰边框中，斜线花样形成的蛇形花样（第2份图解）

斜线花样可以通过隔1针或隔更多针（例如隔3针）来编织，并有不同的斜度，横向洞眼的数量也可以不同。

隔3针的斜线花样图解

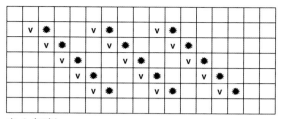

向左倾斜

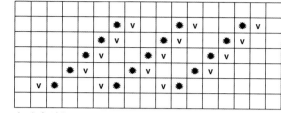

向右倾斜

隔1针的斜线花样图解

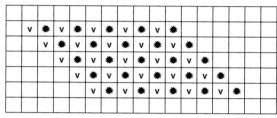

向左倾斜

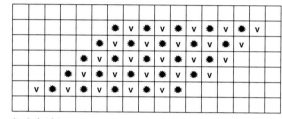

向右倾斜

斜线花样构成了其他镂空花样的基础，如浆果、鼠迹和猫爪等花样。

斜线花样可以做成菱形、心形（过去被称为虫子）、鹅卵石以及更复杂的花样，如有花瓣和花蕊的花朵花样。

心形花样很容易记忆，在编织厚实披肩时更常用。

心形花样形成的纵向洞眼的图解

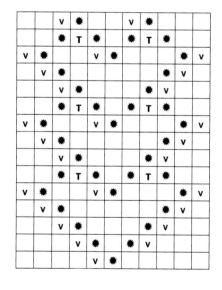

斜线花样形成的鹅卵石花样图解

大浆果花样和小浆果花样

"密林浆果""浆果"是对醋栗、黑莓等浆果类的称呼。这个花样确实很像浆果。大浆果花样也被称为大覆盆子花样。

根据组成的镂空数量（2处或3处）的不同，浆果花样可分为小浆果花样和大浆果花样2种。它们是由斜线花样组成的，封闭在一个圆圈状的花样中。

小浆果花样的图解

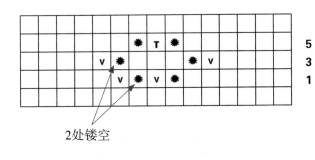

2处镂空

大浆果花样的图解

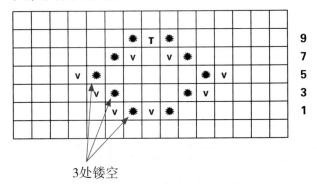

3处镂空

小浆果花样形成的菱形，鱼儿花样位于中心和对角区

48

浆果花样可以延伸出更复杂的形状——菱形、三角形和雪花。浆果花样的横向洞眼可以构成披肩的篱笆饰带。正是这一点，使披肩具有特殊的空灵感和轻盈感。

小浆果花样形成的菱形图解

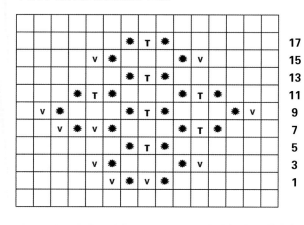

大浆果花样形成的篱笆饰带图解

21
19
17
15
13
11
9
7
5
3
1

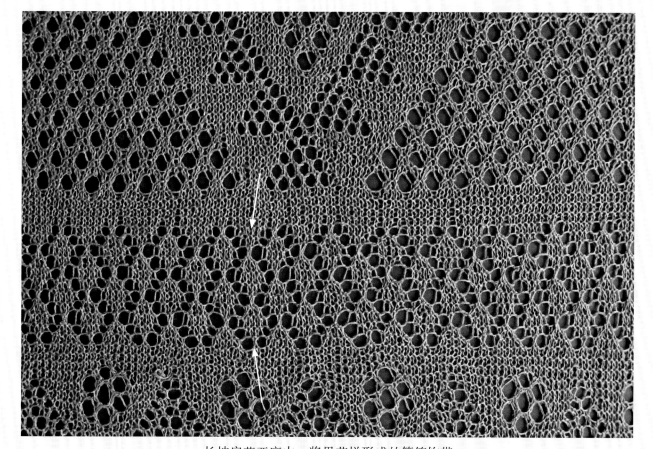

长披肩蓝亚麻中，浆果花样形成的篱笆饰带

披肩或长披肩的中心织片可以用完全相同的花样来填充。

长披肩北方的河（第3份图解），满花图案的中心织片由浆果花样构成

鼠迹花样

这个花样确实很像老鼠的爪印。它可以编织成向左倾斜或向右倾斜。

这种简单而适度的元素往往是复杂繁琐的花朵和徽章花样的一部分，它也可以以网格的形式出现在披肩的中心织片和篱笆饰带上。

披肩中心的大菱形花样被称为徽章

鼠迹花样形成的格子花样图解

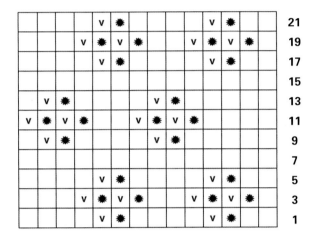

向左倾斜和向右倾斜的鼠迹花样图解

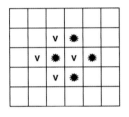 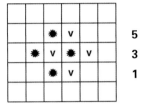

披肩俄罗斯图案的齿状花边有2条篱笆饰带，分别使用了鼠迹花样和豆子花样

猫爪花样

这是一个让人联想到小猫爪印的花样。

它们也可以在不同的方向上进行倾斜编织。这种花样不是对称的，所以很少出现在方披肩上，更多地出现在长披肩上。它常被选来填充对角区，我非常喜欢在披肩的齿状花边上使用它。

猫爪花样图解

珠路花样

乍一看，珠路花样与斜线花样是一样的，其实不然。这是另一种制作镂空花样的方法，看起来就像一串接一串的珠子铺成的小路。

隔3针的珠路花样图解

```
✹ v       ✹ v         ✹ v          9
  ✹ v       ✹ v         ✹ v        7
    ✹ v       ✹ v         ✹ v      5
      ✹ v       ✹ v         ✹ v    3
        ✹ v       ✹ v         ✹ v  1
```

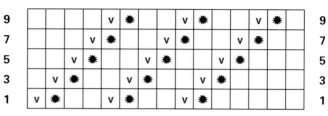

珠路花样形成的衔尾蛇花样，底边和侧面为蜂巢花样

请观察以下2个图解：

珠路花样图解

	*	v			*	v			*	v				**9**
		*	v			*	v			*	v			**7**
			*	v			*	v			*	v		**5**
				*	v			*	v			*	v	**3**
					*	v			*	v			*	v **1**

斜线花样图解

v	*			v	*			v	*					**9**
	v	*			v	*			v	*				**7**
		v	*			v	*			v	*			**5**
			v	*			v	*			v	*		**3**
				v	*			v	*			v	*	**1**

在珠路花样中，并针是以挂针的下一行和下针来操作的，因此针圈之间的分离感更明显一些。而在斜线花样中，并针是2个下针的并织。

珠路花样可以组成蛇形、三角形和菱形等花样。

珠路花样形成的三角形（锯齿）花样图解

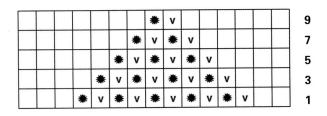

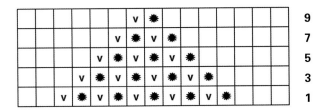

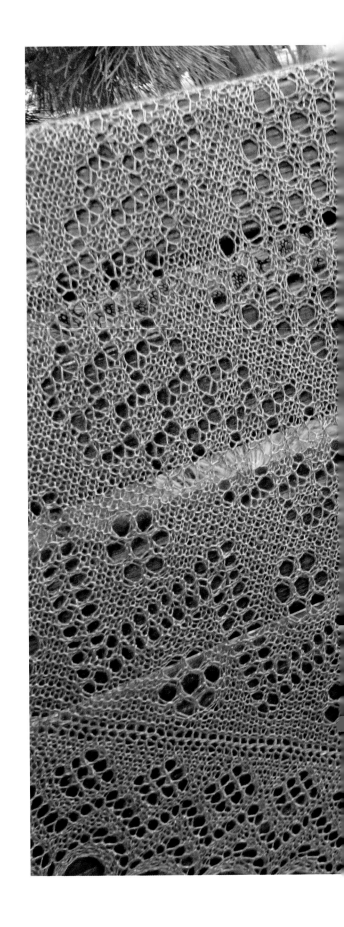

56

这条长披肩蓝亚麻的中心为珠路花样形成的锯齿花样，装饰边框为珠路花样形成的蛇形花样

豆子花样

这个花样需要将每一行图解连续织2遍，第3行和第4行则全部织下针。它的洞比小米或珠路花样的更大，看起来确实像豌豆。

在图解中，我用一个圆圈符号表示豆子花样。

 豆子花样

✓ 在披肩的图解中，只显示了正面行，但请记住，反面行也要织花样

被蓝色填充的挂针符号，表示反面行要织一样的花样。

豆子花样图解

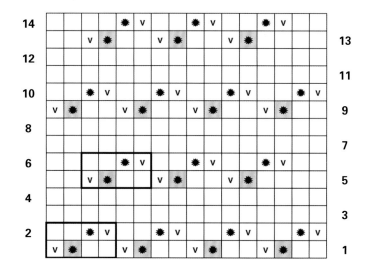

实用建议

要获得整齐的豆子花样，请使用以下方法之一：

1 从反面行打挂针时，把线带紧；从正面行打此针挂针时，把针目拉到右边去。

2 入针织反面行形成的挂针时，将其扭着编织成扭下针。这样形成的洞眼就不会有反面的挂针所特有的"杂线"。

豆子花样形成的格子花样

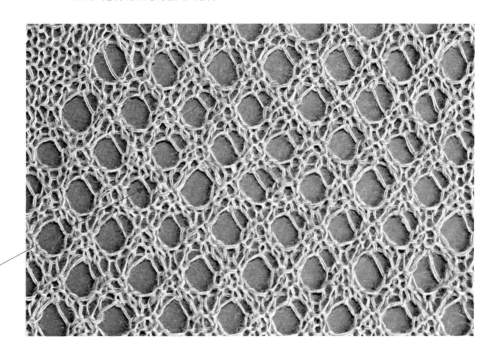

反面行的"杂线"

实用建议

由于图解只显示正面行，你可以放记号圈标记正面行编织挂针的地方，以便在反面行编织豆子花样时，不会跳过这些位置导致漏织。

注意，记号圈只能挂在棒针上，因为它们会令织物下垂，留下痕迹。

也可以利用挂针来标记豆子花样——在第1行（正面行）织挂针时，不要往靠近自己的方向挂线，而是往相反方向挂线。这将使第2行（反面行）的挂针反方向挂线，提示你在此针之后应该编织挂针和2针并1针，以形成豆子花样。

豆子花样打造了一个柔美的镂空结构，这种轻而薄的网格，看上去像蕾丝花边。它们可以出现在披肩的装饰边框和篱笆饰带中，填补中心织片花样之间的自由空间，也可以成为作品的独立元素——例如锯齿和菱形。

豆子花样形成的菱形花样图解

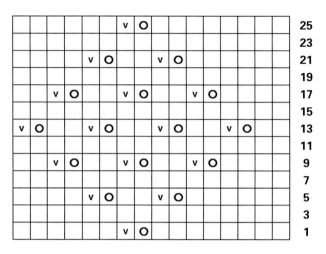

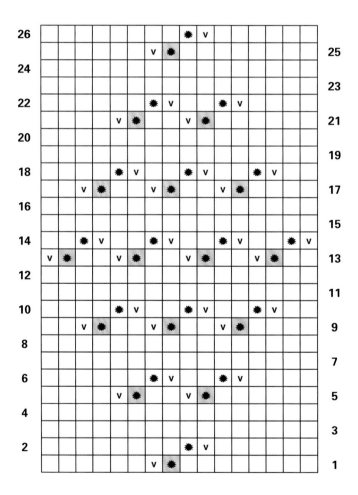

蜂巢花样

这是一种规则的几何花样。每个镂空看起来都像一个透明的六边形，类似于蜂窝状。

每一行都要编织花样。

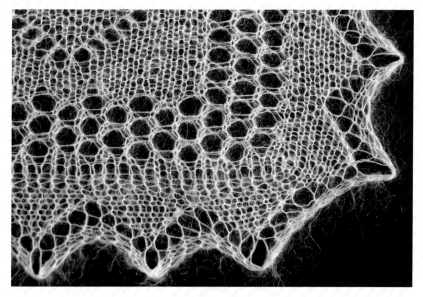

蜂巢花样

蜂巢花样图解

蜂巢花样可以单独使用，也可以作为另一个花样的框架使用。如62页的披肩中，蜂巢花样形成的菱形填补了披肩中心大菱形花样（徽章）的外围，篱笆饰带也是由蜂巢花样夹着实心花样编织的菱形构成，披肩的中心织片为浆果花样。

披肩忠诚的朋友（第5份图解）

为了看得更清楚，我在右侧图解的右图中用颜色填充突出了挂针，以对应左图中圆圈（挂针）的位置。这可以让镂空处看起来更清晰。

蜂巢花样形成的花朵花样图解

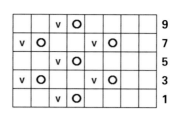
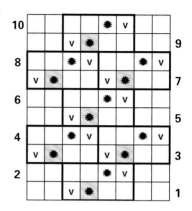

蜂巢花样形成的松果花样图解

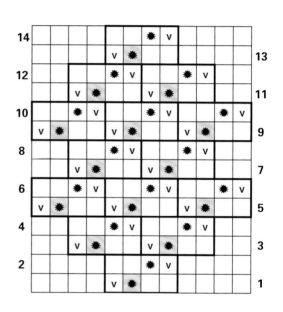

实用建议

为了使蜂巢花样的右边缘整齐，我建议在正面行将第1针来自反面行的挂针扭着编织成下针。在右侧及64页的图解中，用红色符号标出了这些位置。

蜂巢花样形成的花朵花样图解

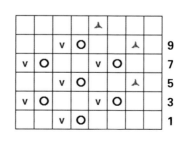
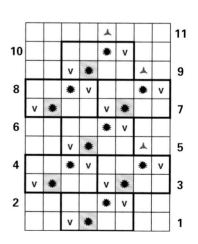

⊼　扭下针（编织下针时，从后向前进针，扭着编织出来）

蜂巢花样形成的松果花样图解

15

14

13

12

11

10

9

8

7

6

5

4

3

2

1

13

11

9

7

5

3

1

披肩霍赫洛玛，由蜂巢花样形成的花朵花样

这些边缘的镂空也可以按小米花样的织法：只在正面行编织花样，反面行全部打下针。

请注意，右侧的镂空边缘尺寸会比另一侧小一些。

蜂巢花样形成的花朵花样
图解

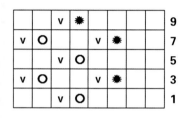

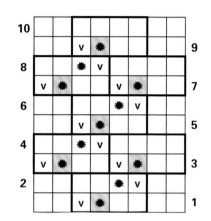

本质上蜂巢花样也是豆
子花样，但它没有豆子
花样中间那2行起伏针

蜂巢花样形成的松果花样图解

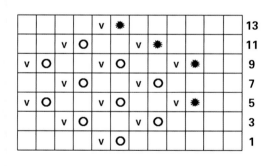

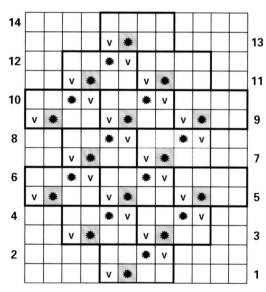

小球花样

它的名字曾经是珠子或串珠，因为这个花样看起来真的像一排珍珠。

实际上，小球花样就是一排排横向排列的蜂巢花样。也就是说，这个花样源自蜂巢花样，就像浆果、猫爪、鼠迹等花样都源自斜线花样一样。

小球图案的横向洞眼可以由3至5个挂针组成。

为了便于参考，67页的2个图解上用蓝色符号分别显示了5个和3个挂针洞眼，以区别小球花样横向洞眼的规模。

小球花样可以用在披肩的篱笆饰带、装饰边框中，甚至可以用来填充整个中心织片。

为了使花样看起来均匀整齐，反面行编织的挂针要拉紧。如果织得过于松弛，在花样中的下一次正面行遇到挂针时，与其按图解编织下针的2针并1针，不如编织成扭下针的2针并1针（下图中用箭头标记）。

小球花样，横向洞眼由5个挂针组成，中间为小浆果花样

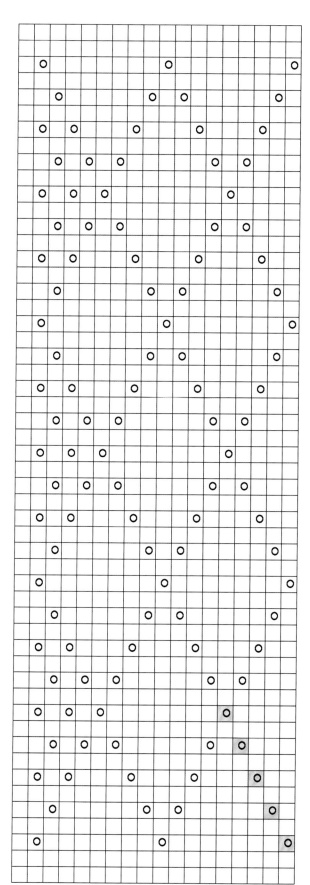

侧边5个挂针的小球花样图解

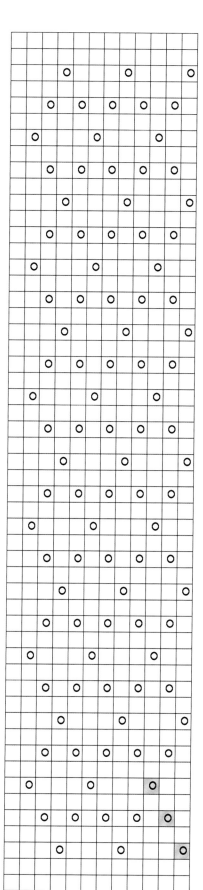

侧边3个挂针的小球花样图解

该花样需要特别注意的是，在篱笆饰带中，侧边为3个挂针（见67页）。

下图就是它在编织成品中的样子。

篱笆饰带中侧边3个挂针的小球花样的编织窍门是：篱笆饰带的单元每4行重复1次，每个第3行中的第6针都编织成扭下针。

1个重复单元的宽度，加上第1个挂针，共8针。

在右侧边缘也需要编织扭下针。注意这些针目已在图解中做了标注。

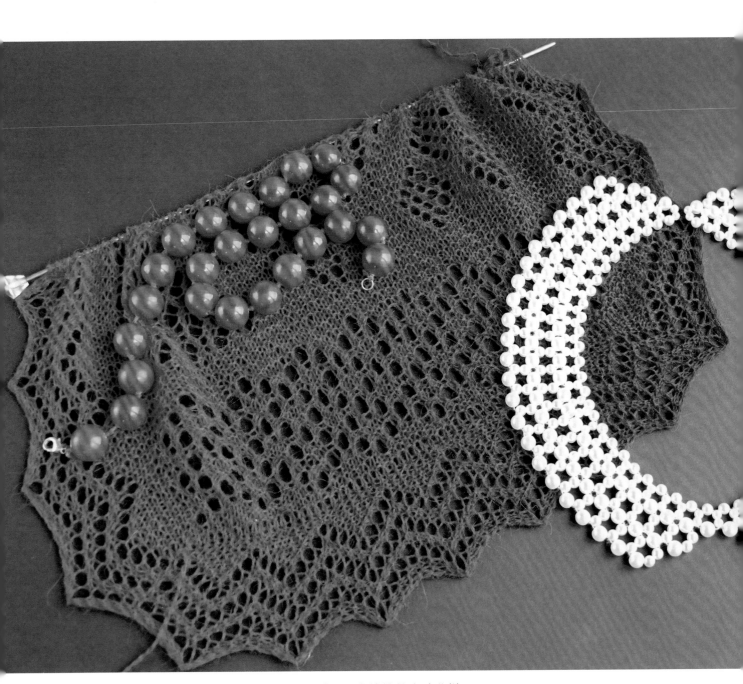

侧边3个挂针的小球花样

在小球花样结束之际，下一次的正面行，所有挂针都编织成扭下针（在68页图片中，这一行在篱笆饰边的上方）。

侧边3个挂针的小球花样图解

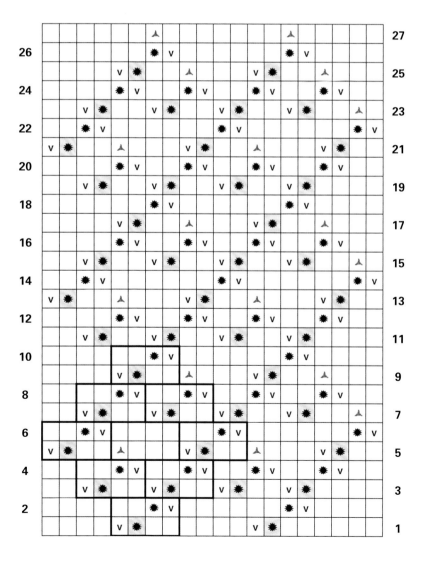

小球花样还有另一种编织方法。

可以不在反面编织这些针目（它们在图解中标为小米符号），就像豆子花样一样，全部编织成下针。这样就不需要编织任何扭下针了（类似于蜂巢花样的第2种方法）。

2种方法都可以，但我选择编织扭下针的方法，因为这会让花样的每一针（正反面）看起来完全一样。

70

鱼儿花样

这个花样让人联想到鱼鳞或鱼眼。

该花样的编织单元为3行：正面行、反面行和正面行。

为了区分鱼儿花样和豆子花样，在所有的编织图上，鱼儿花样都标记为黄色符号的 O 。

鱼儿花样可以构成各种复杂的花样，如各种菱形、锯齿（三角形）、蛇形等，还能与其他元素相结合。

鱼儿花样和豆子花样被运用在镂空的蛛网蕾丝编织中，能给织物带来一种特别的灵动感，使其看起来像编织的蕾丝花边。

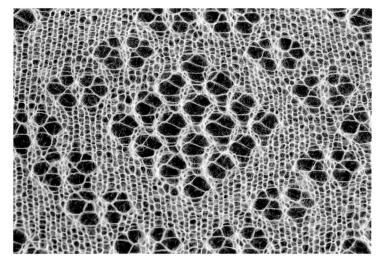

鱼儿花样形成的菱形花样

单个镂空的鱼儿花样图解

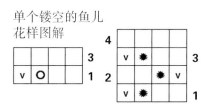

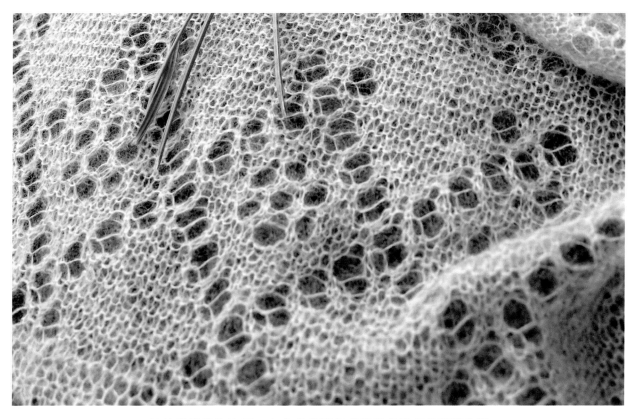

长披肩的装饰边框，由鱼儿花样组成的带着枝节的菱形花样

鱼儿花样组成的格子花样图解

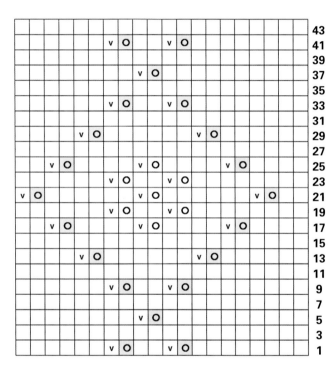

鱼儿花样组成的带着枝节的
菱形花样图解

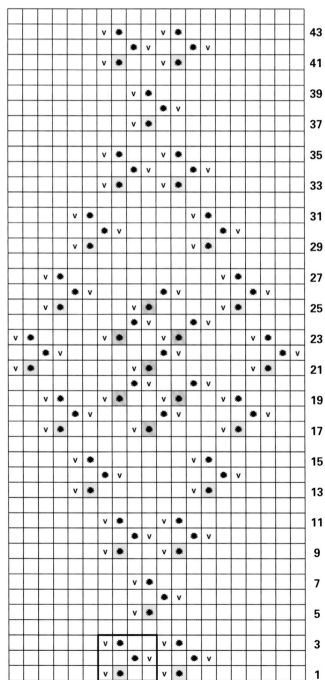

口琴花样

这种花样外形像手风琴或口琴的气孔（有些编织者称其为"眼泪"）。与前面的花样不同的是，它每一行都要编织花样。

口琴花样是相当罕见的，现在几乎不可能在披肩上看到它。

口琴花样可以用来构成正方形和三角形。后者编织起来非常复杂：花样中的挂针每行都会减少，而且由于强烈的镂空感，编织时很容易混淆。

口琴花样图解

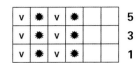

口琴花样构成的菱形花样，对角区为小米花样

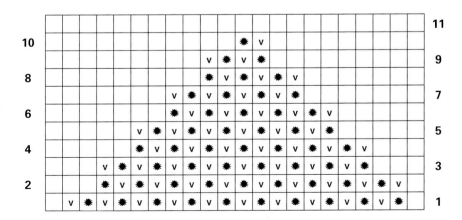

口琴花样构成的三角形花样图解

3组镂空花样

奥伦堡披肩的镂空花样从简单到复杂：从一组简单的花样（小米、浆果和鱼儿等花样）中衍生出崭新的、更大的花样。

一般它们可以分为以下几组：

第1组花样

由主要的单一元素组成简单花样的组合：

• 蛇形
• 纵向洞眼
• 横向洞眼
• 锯齿（齿状或小三角形）

小球花样形成的蛇形，往往出现在披肩的齿状花边中。锯齿花样几乎可以由任何花样组成，除了小球和猫爪（它可以由豆子、浆果、小球、蜂巢，甚至口琴和小米花样组成）花样。锯齿花样可以斜向排列。

披肩雏菊，中心织片为满花图案，装饰边框和齿状花边为小球花样构成的三重蛇形

第2组花样

通过组合第1组花样，可以形成以下花样：

- 棋盘格：镂空花样的正方形与起伏针织面的正方形穿插在一起，看起来就像一个棋盘格。例如，由豆子花样组成的棋盘格
- 口琴（或手风琴）：由口琴花样构成的正方形
- 小窗：由4个小球花样组成的菱形元素构成
- 姜饼：在实心花样上编织的镂空长方形
- 饼干：在镂空花样上编织正方形或长方形的起伏针

- 小枞树松果：由小球花样构成（用在马林果披肩的装饰边框中）
- 小茶壶：由蜂巢花样组成的松果花样

根据披肩整体花样排列的特点，可以分为：

- 满花披肩：披肩的中心或者对角区只使用一种元素来填充（见153页长披肩北方的河，中心织片为浆果花样）
- 散花披肩：镂空花样散布在披肩的不同位置（见171页披肩忠诚的朋友，对角区为蜂巢花样）

由小球花样组成的小窗花样图解

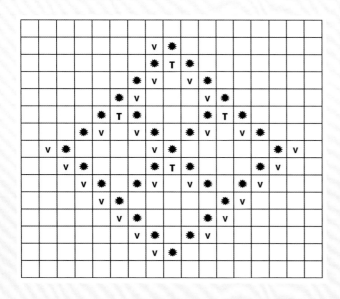

同一组花样可以有不同的名称，这取决于它们所在的编织区域。此外，每个编织者都可以给自己喜欢的花样起一个专属的名字。例如，安娜·费奥多罗夫娜·布利诺娃就为蜂巢花样组成的松果花样取名为小茶壶

满花浆果花样图解

散花浆果花样图解

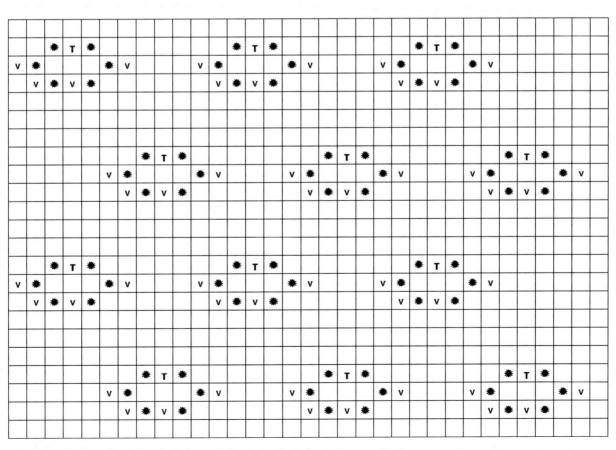

第3组花样

这一组是更复杂的花样组合，由几个不同元素组成的整体花样或其组合构成。

- 蝴蝶结（由浆果和斜线花样组成）
- 树林、小枞树（由斜线、豆子、珠路等花样组成）、苗圃
- 雪花（浆果、豆子和斜线等花样的不同组合）
- 由不同元素组成的相遇式（图案朝向对方相嵌在一起）锯齿花样

也就是说，奥伦堡披肩的花样是按照复杂性原则发展的：首先是主要元素，其次是它的组合，然后是复杂花样。

例如，由不同花样组成的相遇式锯齿花样之间，可以放置由第3种花样组成的菱形。这是以更复杂的方式构建花样，主要元素是浆果和斜线花样，它们的相遇式锯齿花样在披肩的中心织片形成一个大的菱形，中间是雪花花样。

花样之间的空白处也会有形状——菱形、三角形或蛇形（右图中，相遇式锯齿花样之间，起伏针织面构成了蛇形）。

────●─────────●────

一些由著名手艺人设计的花样，今天被认为是奥伦堡绒毛披肩的传统花样。例如费奥多罗夫式小枞树和小雪花、布林诺夫式图案、古梅罗夫式星星等

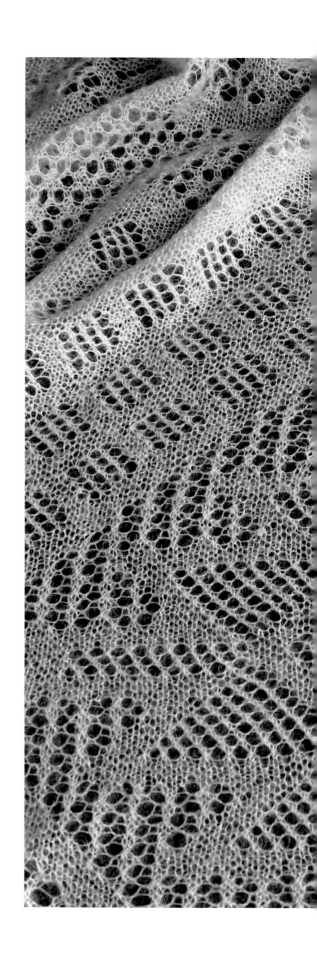

奥伦堡披肩编织中借用的外来花样

现代奥伦堡披肩编织者更乐意在披肩上使用现代花样。例如，加入铃兰花样和NUPP*小球花样（爱沙尼亚披肩的传统花样），在作品上添加串珠等。有些编织者编织的绒毛披肩，其花样完全由NUPP小球花样构成，成品漂亮得令人难以置信。

借用外来花样来编织奥伦堡披肩的情况，很早以前就开始了。早在20世纪，就有人使用孔雀尾巴的花样。我有时也会看到一些带有树叶、蜘蛛和其他现代花样的旧披肩的图片。这些花样通常用在机器生产的成品披肩中。

几百年来，传统的奥伦堡披肩使用的花样已经成为世界闻名的花样。镂空花样与独特的绒毛线已经成为奥伦堡披肩不可或缺的一部分。奥伦堡花样诞生了几个世纪，并被慎重地保存下来。在极少数情况下，新的花样被设计出来有助于保持其特性。

在我看来，借用外来花样会导致奥伦堡披肩丧失独特性，失去自己的面孔、灵魂和美。外来花样在它身上看起来很突兀，和披肩的传统构成不和谐。

为了保留原有的传统花样，我特意不在自己的图解中融入新的元素或镂空花样，严格使用传统的花样和构图。对我而言，奥伦堡披肩正是传统花样的综合体，它清楚地界定了这种披肩的工艺类型。

我为此做了以下分类：

- 奥伦堡绒毛披肩，具有传统的花样和结构，由真正的绒毛线织成
- 镂空披肩，采用奥伦堡传统技术、结构和花样编织而成
- 绒毛披肩，即由绒毛线织成的披肩，花样随意

在这本书中，我将详细解释如何使用传统奥伦堡披肩的结构和花样来编织。而用什么纱线来编织，由你自己决定。

（*保留NUPP一词，用以区分爱沙尼亚小球花样和俄罗斯小球花样）

4

你的第1条
披肩

线材

披肩可以使用奥伦堡绒毛线或任何现代的线材编织。但传统的奥伦堡披肩由独特的本地绒毛线编织而成。

奥伦堡山羊的绒毛纤维细而柔软，直径为14~16微米，不会随山羊的年龄增长而变粗。它柔滑而有光泽，自然着色，保暖性好，还很容易分开。它最重要的特性是柔软，这使得它可以被纺成细纱。奥伦堡绒毛线的主要颜色是白色和灰色。

为了编织蛛网蕾丝披肩，应该使用1200米/100克的手纺绒毛线。纱线越细，织成的蛛网蕾丝披肩就越轻柔。

首要前提——不要选择那些将绒毛线与基础线不加捻直接纺成的线。以这种工艺制成的线织成披肩使用时，绒毛会跑出来。选线时，应选择那些由绒毛线和真丝（或人造丝）2种材质加捻的线材。

你可以选择机纺绒毛线来制作披肩，如100%的山羊绒线，但在编织前，最好先将它与真丝的基础线搓成1股再使用。

奥伦堡绒毛线的柔软度取决于某些特定因素。最柔软的线是用二月的第1层毛纺的线。冬天越冷，绒毛就越柔软

你也可以用马海毛线来编织披肩。可选择含真丝或锦纶的马海毛线，规格为1000~1500米/100克（如Linea Piu的Camelot，IGEA的Astro、Filpucci Kiddest等产品）。纱线越粗，织出来的作品会显得越粗糙，披肩的美感也会消失。

对于非常纤细的蛛网蕾丝披肩来说，你可以采用2200~4000米/100克的马海毛线编织。

绒毛线

筒装马海毛线

对于轻薄的披肩来说，可使用任何羊毛（美利奴羊毛、羊羔毛等）线编织——1400~1600米/100克，如谢苗诺夫品牌的"莉季娅"（1613米/100克）和哈普萨鲁羊毛（1400米/100克，筒子纱）。但是使用羊毛线编织时，披肩的蓬松度会降低。你可以将这样的纱线合成双股编织。

也可以选择800~1000米/100克的羊毛线编织

如果你将马海毛线和羊毛线合成双股编织，会得到一条更密实、更温暖、镂空度和蓬松度更好的披肩。合股线推荐选择细羊毛线（1400~1600米/100克）和马海毛线（1000~1500米/100克）。

羊毛线

亚麻线

亚麻线可以编织出非同寻常的披肩。可选择800~900米/100克的亚麻线或1800米/100克的亚麻线双股编织。亚麻线编织的织物很柔软，定型后，像浆洗过一样平整，同时又相当有延展性。

选择筒装线，会比成团的线便宜得多，且质量并不会差

格日村头巾

使用AADE LONG ARTISTIC 8/1（100%羊毛）编织

（译者注：格日村陶瓷器是俄罗斯传统手工艺品，特点为蓝白相间的图案）

现代线材的多样性使我们编织时不仅可以选择材质，还可以选择颜色——披肩可以是蓝色、红色、绿色、紫色等。但最优雅的披肩当然还是白色的。

奥伦堡披肩可以是非常现代的。它完全不是你想象中老奶奶才会用的那种披肩。不管选用任何现代线材编织，只要保留传统花样，它就可以成为一件美丽而时尚的配饰。

披肩薰衣草（①）（由设得兰羊毛线编织而成）

长披肩波斯菊（②）（由马海毛、锦纶混纺线编织而成）

长披肩北方的河（③）（由真丝、夹金银丝的马海毛线编织而成）

①

②

③

棒针

要想轻松、快速、愉快地编织，首先需要选择舒适的棒针。在奥伦堡地区，披肩是用又细又长的直棒针编织的。现在，市场上的棒针种类非常多，可以满足各种需求。

选择棒针时，要选针头容易挑起纱线的。针尖不能太锋利，否则会伤到手，但也不能太钝。最好是选择带有圆形针尖的棒针。

为了确保编织时所有的针脚都是一样的，请使用针尖特别长的针。这种棒针通常命名为蕾丝针，专门为蕾丝编织而设计。

我还建议用环形针进行编织。为什么要用环形针呢？以前大家都是用长直棒针编织的，当编织披肩时，手里握着的织物宽度为200针或更多。环形针可以帮你均匀地分配针目，手上的负荷也能得到缓解。但如果用直棒针编织，那么在一行的开始和结束时，整个织物都在一只手上，负重较大。手是编织中最重要的工具，应该优先照顾好。

我最喜欢的棒针是环形针，Addi品牌的premium，针号2毫米和2.5毫米，长度60厘米。纱线能顺畅地在针上滑动但又不会脱落。这种环形针的针头偏长，针尖圆润舒适，不会伤手。这个品牌的棒针唯一的缺点是，随着时间的推移，针绳会变得僵硬，并呈现出扭曲的形状。为了恢复其灵活性，可将针绳放在温水中浸泡。

不要以为织大披肩就应该使用针绳超长的环形针。事实上，60~80厘米的针绳就足够了，太长的针绳在编织时可能会纠缠在一起，妨碍编织进度。还要注意针绳的柔软度：它应该是灵活的，而不是卷曲成环状。

你可以使用Addi Lace环形针，镀色涂层的细尖针头是为编织镂空作品而设计的。但随着时间的推移，涂层会氧化，形成污垢，导致纱线不能顺畅滑动，针目也不能正常移动。因此，编织前一定要用布擦拭针头，去除污垢。

我的上一条长披肩是用Addi品牌的novel环形针编织的。这是方形的织针，针身的每一面都有防滑压纹。推荐用它来做精细的蕾丝编织，因为它有一个舒适又不锋利的最佳长度的细针头。此外，它的针绳比Addi Lace环形针的针绳更柔软。

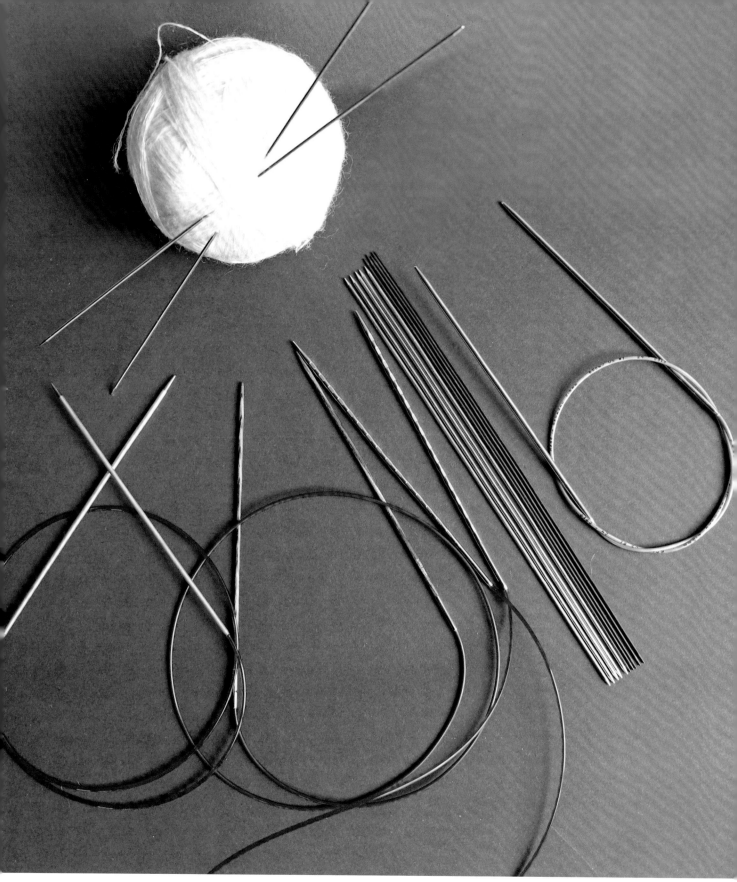

直棒针和环形针

如果你编织时手劲儿松，可以使用Knitpro品牌的碳纤维直棒针或环形针，带有金属制的细长针头。使用这种棒针编织时，针脚会更细小。

也可以使用Knitpro、LYKKE、Knitter's PRIDE等品牌的木制环形针，针号2毫米，针头偏长，针绳柔软。它们的缺点是易断折。

在选择棒针时，要考虑线材的粗细和编织者的手劲儿松紧（见95页的表1）。如果你编织得非常紧，请使用比推荐针号大0.5至1个针号的棒针来编织。如果你编织得比较松，在编织细纱线或细羊毛线（1400~1600米/100克）时，可使用1.5毫米或1.75毫米的棒针。

使用奥伦堡绒毛线编织厚实披肩时，针号为2.5~3.5毫米；编织蛛网蕾丝披肩时，针号为1.5~2毫米。

在选择线材时，还要考虑到花样会随着织物的频繁使用而变得模糊。如果你编织得太紧密的话，使用时花样会变得更加不清晰

披肩雏菊，每条边43个齿状花样，线材为谢苗诺夫品牌"莉季娅"（100%羊毛），针号为1.75毫米

披肩忠诚的朋友，线材为奥伦堡绒毛、真丝混纺线，针号为2毫米

1000~1500米/100克的马海毛线，编织时可使用2~2.5毫米棒针。

1783米/100克的亚麻线，双股编织时可使用2毫米棒针。

1613米/100克的羊毛线，双股编织时可使用2毫米棒针；750~800米/100克的羊毛线，编织时则可使用2~2.5毫米棒针。

如果你计划用马海毛线（1000米/100克）与羊毛线（1400~1600米/100克）合成双股编织，千万不要用太粗的针，建议使用2毫米或2.5毫米棒针。

表1　线材与针号的粗略匹配

线材	米/100克	针号
绒毛线	1000~1200	3~3.5毫米
	1200~1500	2~2.5毫米
	1500	2毫米
	1500以上	1.5~1.75毫米
马海毛线	1000	2.5毫米
	1500	2毫米
	2200	1.75~2毫米
	4000	1~1.5毫米
羊毛线	800~1000	2~2.5毫米
	1613	1.75毫米
亚麻线	900	2毫米

长披肩弗洛拉，线材为羊毛线（800米/100克），针号2毫米

长披肩蓝色亚麻，线材为亚麻线（1783米/100克，双股编织），针号为2毫米

披肩的尺寸和用线量

经常有人问我，按哪个图解编织，才能得到指定尺寸的披肩。其实，披肩（长披肩和头巾同样适用）的尺寸取决于以下几个因素：

- 图解的尺寸
- 所选择的线材（极细、细、中等粗细）
- 棒针的针号
- 编织时的手劲儿（手紧或手松）
- 以前使用过的棒针和线材
- 编织者的心情

用同样的棒针和同样的纱线，得到的披肩尺寸可能完全不一样——仅仅是因为你用了不同的密度编织。

2毫米棒针及细线用大图解编织，或2.5毫米棒针及粗一点的线材用小图解编织，织出来的披肩尺寸可能是一样的。

编织纤细的镂空蛛网蕾丝披肩时，线材和棒针越细，应选择的图解就越大。而同样的图解，用更粗的线材来编织，得到的花样就更大

因此，为了确定披肩的准确尺寸，应该用类似的线材先编织样品。

表2 不同线材和针号、花边数量、披肩尺寸、用线量的推荐使用

线材	米/100克	针号/毫米	镂空齿状花边的推荐数量/个	成品披肩的大致尺寸/厘米	用线量/克
绒毛线	1200	3~3.5	31 × 31	140 × 140	170
	1200~1500	2.5	29 × 29	150 × 150	135
马海毛线	960	2.5	33 × 33	160 × 160	220
	1000	2.5	21 × 36	81 × 166	120
			16 × 26	75 × 140	90
			19 × 39	185 × 80	160
			30 × 31	145 × 145	185
	1500	2	30 × 30	128 × 128	100
			28 × 28	120 × 120	100
1股马海毛线、1股羊毛线	马海毛线/1000，羊毛线/1613	2	29 × 29	135 × 135	160（马海毛线），100（羊毛线）
	马海毛线/1000，羊毛线/1613	2.5	25 × 25	130 × 130	140（马海毛线），87（羊毛线）
羊毛线	700~800	2	18 × 38	65 × 160	190
	800~1000	2~2.5	21 × 43	75 × 220	210
	1613	1.75	43 × 43	150 × 150	150
亚麻线	900	2	21 × 43	65 × 180	190

在准备线材时，我推荐比建议的线量多准备10%的余量。

线材和棒针都准备好了，如何选择想要的披肩尺寸呢？

这取决于你的身高、品位和披肩的用途。

长披肩的最佳平均长度是150~180厘米，厚实披肩的则是130~140厘米。

我有一条差不多有210厘米长的长披肩花与蜜，还有一条大约有140厘米长的小披肩波斯菊。两条我都很喜欢，佩戴起来很舒服。前者我作为披肩式马甲来使用，后者则是在北方的夏天披在外套里使用

编织密度

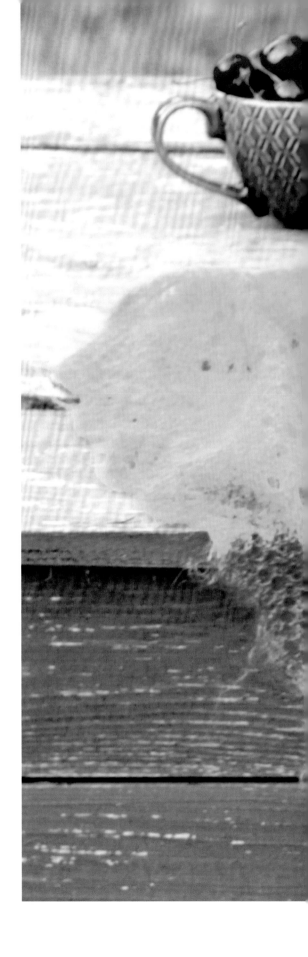

如果你决定用1500米/100克的线材和2毫米棒针编织，但是在此之前已经有一段时间没有编织了，或者你一直用其他棒针编织较粗的纱线，那么就需要先让你的手习惯并适应较细的纱线。

通常在你编织齿状花边的时候就会发现织得不够均匀，但也可能在完成作品后才发现披肩的底部和顶部的宽度不一致。如果这种差异不明显，那么定型后就不容易被注意到。但若这个尺寸差异过大，用定型也无法弥补。

那么，如何才能避免织物的密度不均呢？

1　不要一开始就用最细的线材编织，要循序渐进。先用800米/100克的羊毛线编织，然后过渡到用1000米/100克的马海毛线编织，之后才可以用1500米/100克的线材编织。

2　为了增强手感，在编织不同的披肩中间不要休息太多天；在编织同一件作品时，尽量每天都编织。

3　在编织新披肩时，一定要控制好密度，尽量织得均匀。

一起来编织
一片式蛛网蕾丝披肩吧

如果你以前从未织过披肩，我建议从编织样片开始。可在起伏针织面上练习编织花样，或者编织一条小小的迷你披肩，用以磨炼技术，并让手习惯棒针，适应线材。

如果你已经是一个有经验的老手，或者已经用其他技术编织过披肩，那么你可以直接上手编织这款迷你披肩。

在开始编织之前，请注意以下几点：

- 不要一开始就用非常细的线材编织。如果不习惯编织细线，密度会不均匀。

- 仔细阅读编织过程的描述，这有助于你在编织时避免犯错。

- 在完成一行之前，最好不要暂停。否则针目有可能从棒针上滑落，作品的一部分也会脱针。

- 在编织期间，可将披肩存放在一个盒子里（最好是带有盖子的），可以避免被不小心损坏。

- 在图解上标出正在编织的行。可用一把尺子来做标注，把它放在行下或直接用记号笔画出一行。最好是在复印好的图纸上进行，不要直接画在书上。

编织右图这款一片式披肩，需要700~800米/100克的羊毛线和2.5毫米棒针。你可以用1000米/100克的马海毛线编织。在需要纠正一个编织错误时，这种粗细的马海毛线很容易拆开。

我建议将样片编织成一个正方形的披肩（每行41针），每条边有5个齿状花样。这将需要70~100米的线材。

重要说明

1　披肩的四周是由齿状花样组成的。

2　围巾的底部边缘是一条由齿状花样形成的织带。织带的边针，齿状花样的第1针和最后1针，成为一个统一的横排。在编织披肩主体部分时，右侧齿状花边、中心织片和左侧齿状花边是同时编织的。这意味着披肩是"一片式"织成的。顶部的齿状花边，则在编织的过程中与披肩的中心织片连接在一起。

3　对于披肩，我选择用传统花样编织。花样通常基于经典的蛛网蕾丝披肩结构，图解中有时没有装饰边框或篱笆饰带。唯一与规则不同的是：左侧齿状花边的镂空花样与披肩主体部分及右侧齿状花边，都在正面行编织（在传统的奥伦堡编织中，左侧齿状花边的镂空行是在反面行编织的。也就是说对于左侧齿状花边来说，反面行才是正面。如果你已经习惯了这种编织方式，就没有必要再进行训练）。

4　图解从右到左阅读。

5　图解中的1行等于2行——正面行和反面行。所有的行都编织下针。

6　一定要算好重复单元之间的针数，以避免丢针和不必要的减针。

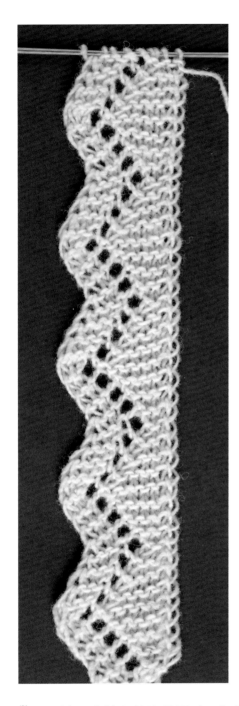

编织几行后，看一下织物，有错误能立刻发现。也可以拍一张照片。有时通过照片，你会注意到在织物上看不到的错误

8　如果你在下方几行发现了错误，可以把必要的针脚向下拆开，重新编织。请用正在编织的棒针或钩针来纠错。

9　如果确实丢了1针，而且不能用钩针挑起来，就按花样规律增加1针。一定要用1根线去固定住脱落的针脚，这样它就不会再次松解开。

10　编织新的一行时，可以参考前一行的花样。

11　豆子、鱼儿、蜂巢等花样是正反面都编织镂空花样的。其余花样只在正面行编织镂空花样。

12　在不计入齿状花边针数的前提下，图解的针数是不变的。

13　在一些图解中，为方便起见，齿状花边的针数也会计入针数中。

纯洁的心，干净的眼睛。（俄罗斯谚语）
编织帮助我与自己和周围的世界和谐相处，所以要心存善念，满怀喜悦，快乐地投入编织中

7　第1针（边针）始终是滑过不织的。作品的边缘要织成辫子的形状。至于最后1针该怎么织并不重要。

第1步：编织下方齿状花边

1　用任意起针法起7针，编织第0行，然后按照图解
继续编织。第1针（边针）永远滑过不织。

2　1个齿状花样为8个洞眼（挂针形成的洞眼）或16
行重复1次，即8个边针形成的辫子。在图解上，
重复的花样以黄色标出。齿状花边的边针总是包
含在图解中。

为了避免混淆，按照下图中的标记，可通过齿状
花边中的镂空洞眼来数行数。

下方齿状花边图解

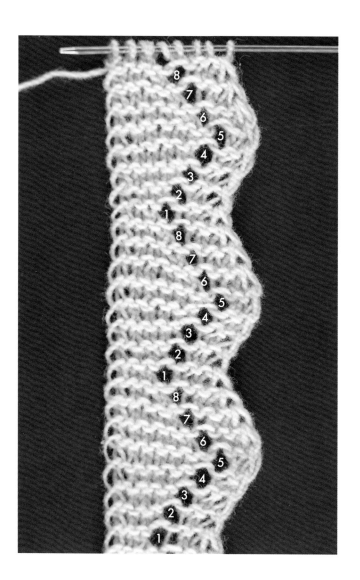

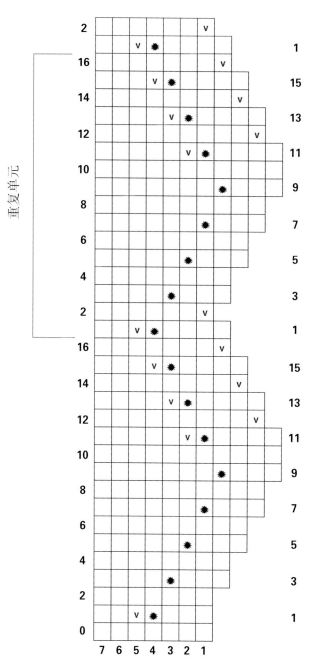

第2步：为披肩主体部分挑针

1 编织出5个齿状花样后，先编织下一个齿状花样的第1行正面行——此时右棒针上有8针，使用左棒针挑出披肩主体部分的第1行针目。用左棒针从反方向挑出边针的一个个小辫子。为方便起见，将织物翻面，使带有齿状花边针目的棒针位于左边，而挑针的棒针位于右边，朝自己的方向挑起边针的一个个小辫子。此时织物的反面朝向自己。

共挑41针。

由于图解中的边针位置只有40个（也就是少了1个），因此挑针时需要加1针。在同一个边针的位置挑出2针即可。

2 现在将织物翻至正面——右边为齿状花样的8针，左边为披肩主体部分挑出的41针。

3 将41针编织下针。

4 然后在反面行（第2行）编织下针。不要忘了按照齿状花边的图解将行末的2针一起编织下针的2针并1针。

注意，这一行并不需要为左侧齿状花边挑出新的针目。在图解中，左侧齿状花边第1行是空缺的，空缺的这一行将从下方齿状花边的左侧（第0行）挑针来填补。

现在，棒针上共有48针（41+7）。

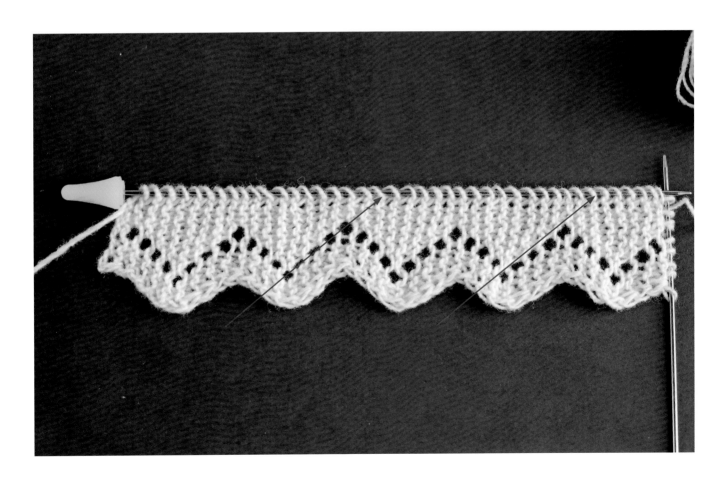

第3步：为左侧齿状花边挑针

1　编织第3行：先按照图解编织右侧齿状花边，然后编织披肩主体部分的针目。接下来，按照第3行的图解，一边挑出左侧齿状花边的针目，一边编织花样。使用右棒针从下方齿状花边的第0行挑出针目。

按照图解编织（左侧齿状花边第3行）挂针。

2　现在棒针上已完成披肩的所有挑针——右边为右侧齿状花边的针目，中间为主体部分的针目，左边为左侧齿状花边的针目。反面行（第4行）编织下针。

织完反面行后，棒针上共有57针（8+41+8）。

左侧齿状花边的图解 右侧/上方齿状花边的图解

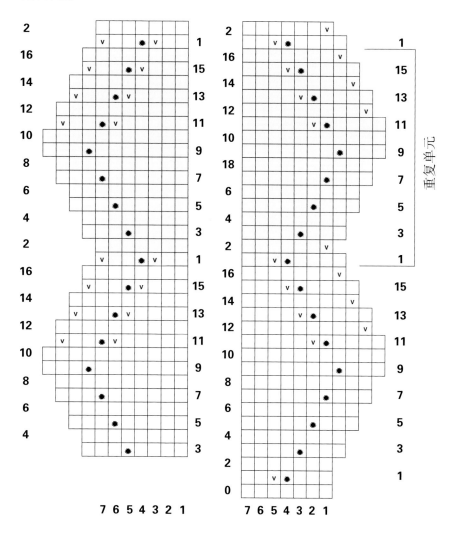

注意！左侧齿状花边的减针位于第11行、第13行、第15行、第1行：在正面行的行末将最后2针一起编织下针的2针并1针。下方、右侧及上方齿状花边的减针位于第12行、第14行、第16行、第2行：在反面行的行末将最后2针一起编织下针的2针并1针（第1个齿状花样的第2行没有减针）。图解上的齿状花边并没有给出偶数行的图解，因此未能显示它们是在对应的偶数行减针的。齿状花边的减针应该按展开的图解（提供完整行序的版本）来进行

迷你披肩，小雪花花样，每边5个齿状花样

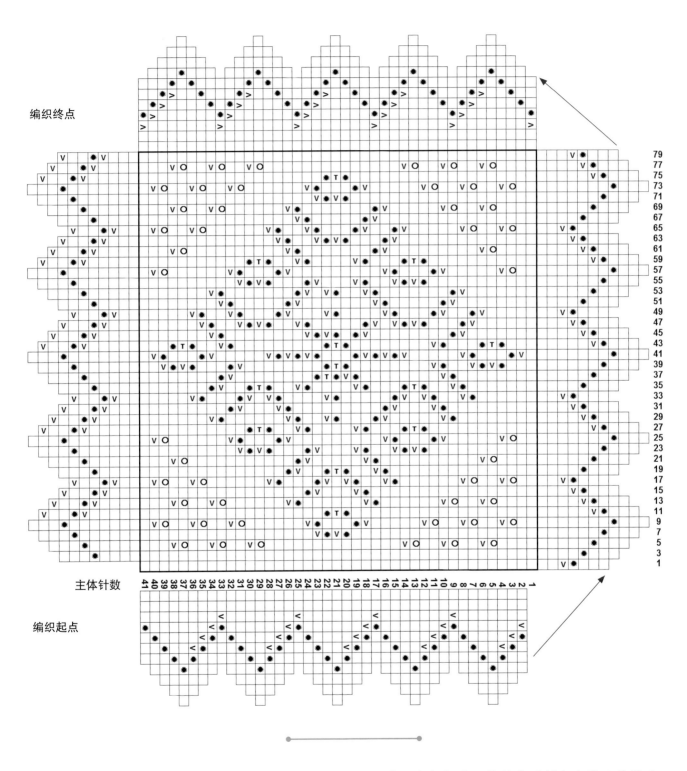

编织终点

主体针数

编织起点

79
77
75
73
71
69
67
65
63
61
59
57
55
53
51
49
47
45
43
41
39
37
35
33
31
29
27
25
23
21
19
17
15
13
11
9
7
5
3
1

41 40 39 38 37 36 35 34 33 32 31 30 29 28 27 26 25 24 23 22 21 20 19 18 17 16 15 14 13 12 11 10 9 8 7 6 5 4 3 2 1

为了方便起见，本图解展示了装饰边框的针目，但是并不是本书的后续所有图解都会展示装饰边框的针目

第4步：按照披肩图解继续编织

编织披肩图解的最后一行（第80行）及齿状花边的第16行。此时
左右棒针上的状态如下：

第5步：编织上方齿状花边

1 下一行编织齿状花边（上方齿状花边的第1个齿状花样）第1行的所有针目，然后将2针并织成1针下针（这里为图解边上的2针）。右图中用箭头标出了这一针，它将成为翻面针目。在接下来的每一次正面行，都需要将这个翻面针目与披肩的边上1针一起编织下针的2针并1针。

2 翻转织面（齿状花样的反面），翻面针目滑过不织，将其余针目织完。接下来的编织操作都是相似的：在每一次的反面行，将翻面针目滑过不织。

3 用同样方式编织出上方的所有齿状花样，同时与披肩主体的针目连接。

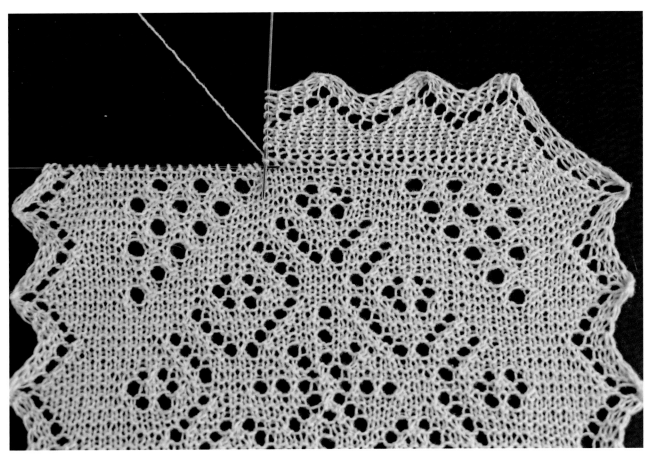

第6步：完成编织

1 当编织完上方的所有齿状花样时，棒针上只剩下上方齿状花边的针目、翻面针目（箭头所指）和左侧齿状花边的针目。右棒针上的齿状花样和翻面针目共8针，左棒针上为7针。

2 将右棒针上的翻面针目滑到左棒针
上，再从右棒针上滑1针，然后编
织下针的3针并1针。注意针目不要
拉得太紧。

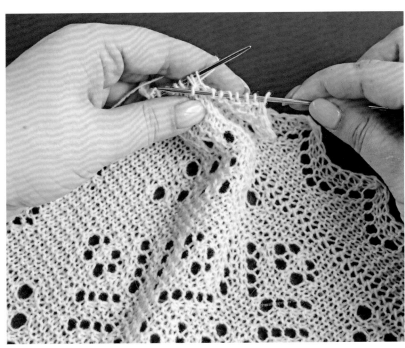

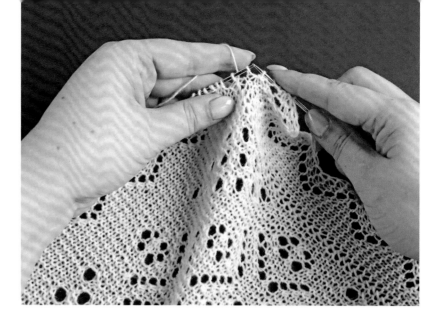

3 将刚刚织好的1针重新滑到左棒
　针上，再从右棒针上滑1针，一
　起编织下针的3针并1针。所有的
　针目都按同样方法编织。

4 最后会余下4针：右边2针、翻面
　针目及左侧齿状花样的最后1
　针，一起编织下针的4针并1针。

　棒针上余1针——编织完成。

5 断线，将线尾穿过针目（即打
　结），再藏进织物里。披肩编织
　完成。

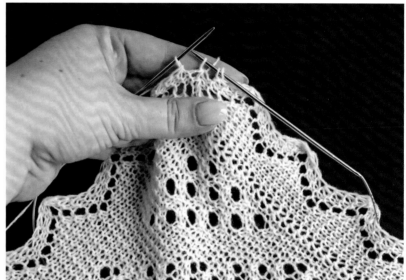

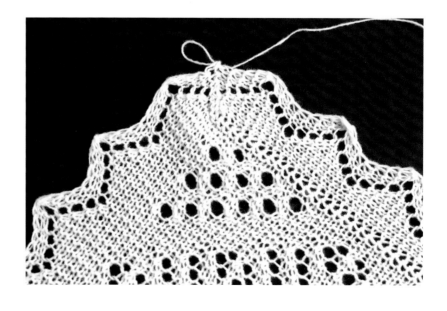

我还准备了另外几份图解，可以用来编织迷你披肩。

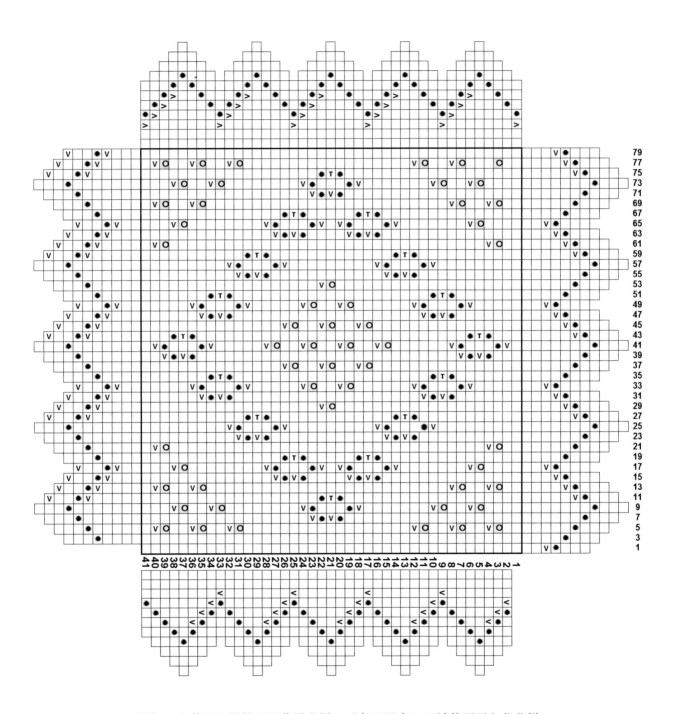

图解：大菱形花样使用了浆果花样，对角区及中心区域使用了鱼儿花样

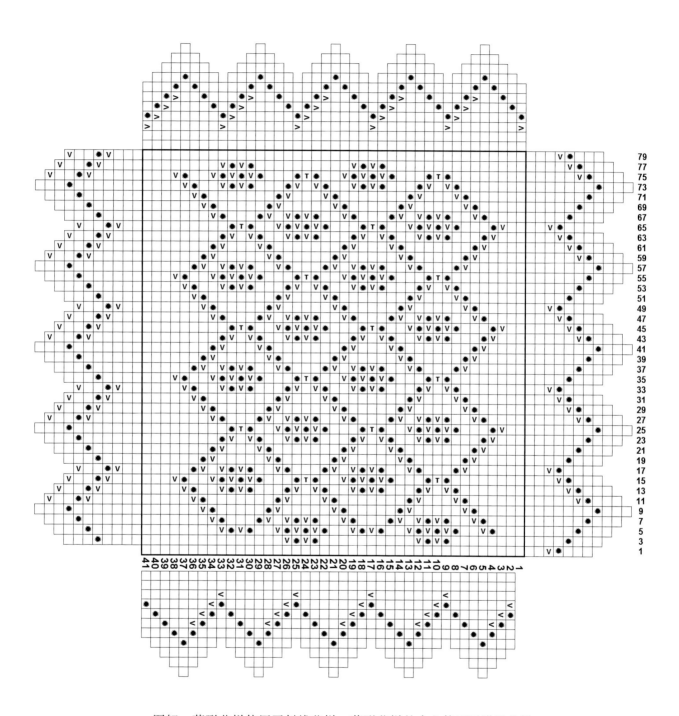

图解：菱形花样使用了斜线花样，菱形花样的中心使用了猫爪花样

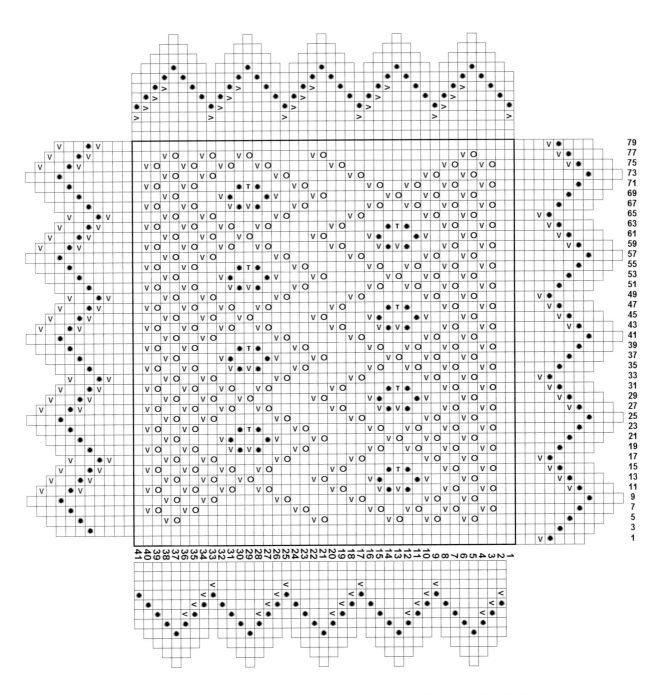

图解：菱形花样使用了小球花样，菱形花样的中心使用了小浆果花样

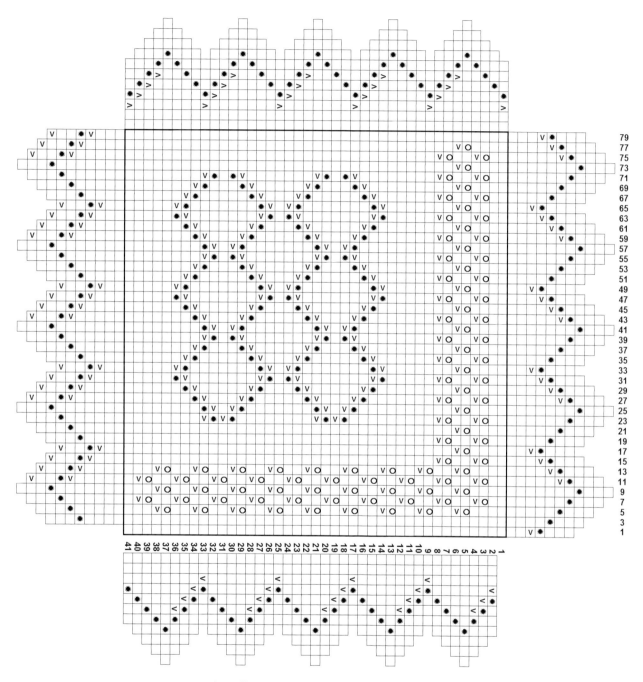

图解：菱形花样使用了珠路花样和蜂巢花样

定型

为了将所有的针目固定成对应的花样，并让织物形状均匀，需要对披肩进行定型。

定型时可以使用定型架，在框架四周钉上间隔2.5~5厘米的钉子。但你也可以在一个专用的垫子、沙发、地毯或地板上进行定型。

绣花框（也被称为定型用的框架）出现在20世纪三四十年代，在此之前，披肩是通过用锤子在天花板上敲钉子，再把披肩悬挂在钉子上拉伸晾干的。用这种方法一次可以晾10条披肩

我的定型架规格

- 取4根板条，每根2米。如果你打算编织长于2米的长披肩，建议将其中2根换为2.5米长的板条。

- 板条的断面为35毫米×18毫米。

- 在板条上每隔10厘米钻1个孔，用于固定。

- 对齐固定框架用的孔，只在其中2根板条上开槽——每边6个，分别间隔6.5厘米，开槽宽度为3.5厘米，深度为0.5厘米。

- 在每根板条上每隔5厘米钉1颗钉子。

- 框架可用带螺母的螺栓固定。

拉线定型

如果你害怕定型架上的钉子生锈后在披肩上留下锈迹无法洗掉，我推荐使用这种定型方法。你也可以不用拉线，直接给披肩的齿状花样定型，但如果没有定型架，就很难对正方形和长方形的披肩进行定型。

1 用一根结实的线（最好是白色的，这样就不会褪色）穿过所有齿状花样的顶部。

穿线的位置应该是齿状花样顶部的挂针处，千万不要穿入边针中，防止织物被拉出裂缝

如果拉线很平滑，要小心，因为可能会切断织物。

2 必要时请先浸泡和清洗披肩（如果使用的是筒装线，请务必清洗，以去除污渍）。在温水（30~35℃）中加入少许羊毛洗涤液，轻轻手洗披肩。动作要非常轻柔——不要揉搓，只是轻轻地挤压披肩。你可以把它泡在里面几个小时，然后用温水（30~35℃）漂洗数次，稍微拧干水分，并将其放在一个平面上（例如一个倒置的盆子），让水排出。然后用毛巾包裹轻轻挤干水分，再进行定型。

如果披肩齿状花样的间距与框架上钉子的间距一致，就可以直接将齿状花样挂在框架的钉子上来定型，不需要再拉线

3 定型时，固定在钉子上的是线，而不是披肩本身。先将披肩四个对角拉开，再均匀地固定每条边的中间部分，然后依次固定剩余部分，尽量保持花样对称。

先使齿状花样均匀地分布在线上，让它们的间隔一致。一定要检查是否对称：上方的齿状花样必须与下方的齿状花样对齐，上方的齿状花样的顶部也必须与下方的齿状花样的顶部对齐。左右两侧的齿状花样也应该是——对齐的。

———————•———————•———————

如果不是用框架或专门的垫子来定型，请预先标出一个正方形或长方形的轮廓（披肩的形状）

4 用喷壶将披肩淋湿，因为在定型过程中可能已经快晾干了。

将披肩放在远离热源或散热器的地方干燥一两天至2周。定期将其润湿。

如果你没有时间来进行长时间定型，可以将披肩拉伸得稍长一些（比原尺寸长5~7厘米），使其呈长方形，然后定型1天。解除定型后，由于织物有弹性，披肩会有一点收缩，成为你想要的形状。

但如果你编织的是一个长方形披肩（例如，30×31的齿状花样），定型时把它拉伸成正方形即可。

S

14款绝美的
奥伦堡披肩编织

你现在已经学会了奥伦堡披肩的基本花样、结构特点，可能还编织了一条小小的蛛网蕾丝披肩。接下来我将带你编织一条真正的奥伦堡披肩。

在这一章中，你会看到不同尺寸和复杂程度（指花样的丰富性）的披肩编织图解。在这些作品中，我使用了12种传统的奥伦堡花样和它们的组合花样。我还收集了不同方案的中心织片装饰性构图。

为了明确披肩的整体外观，作品描述中附有成品的照片和构图（草图）。

首先选择一个简单的、有重复性的花样。如果你已经有足够的经验，可以挑战编织更复杂的披肩，尝试不同花样

为了阅读方便，这些图解被分成了几个部分。可以分别通过扫描给出的二维码查看清晰图解，也可以通过扫描下方的二维码下载并打印。

有些图解中会有黄色的条状格子，它们将图解分割成相等的部分，以便阅读。

图解的左右两边都有行数编号（仅标出奇数行）。图解的最后一行总是与镂空版本的齿状花样的第16行或简单版本的齿状花样的第1行对应。

请注意，由于编织手劲儿不同，线材的实际消耗量可能和推荐量不同。

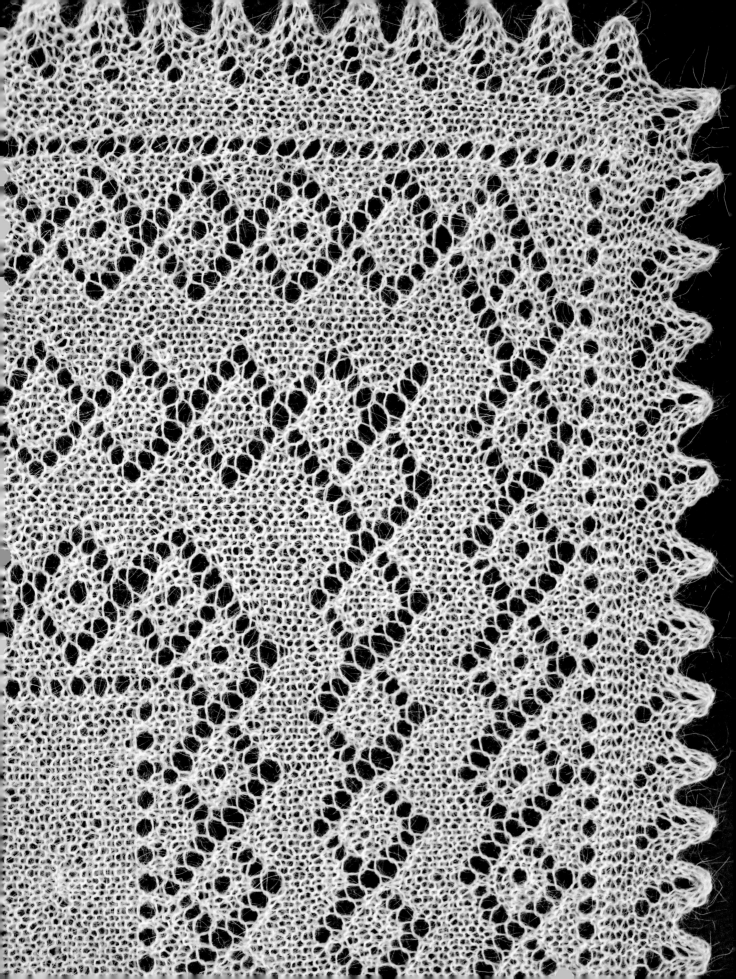

莫斯科郊外的夜晚

（简单的厚实披肩）

这是一条正方形披肩，中心织片为密实的起伏针，带有简单版本的齿状花边。在这件作品中，反面行不需要编织复杂的花样。披肩基本上只有2个花样：小米和小球。这两个花样的编织方法很好记忆，即使是编织新手也能胜任。

如果你用较粗的线来编织，则可以做成一条儿童盖毯

披肩尺寸：每行215针，不计齿状花边的针数（长和宽各为43个简单版本的齿状花样，对应27个镂空版本的齿状花样）

定型后的参考尺寸：115厘米×115厘米

你将需要

- 羊毛线（双股编织）1400~1613米/100克，210~220克（1500~1550米）

  替代线：羊毛线750~1000米/100克，马海毛线1000米/100克，或者绒毛线
  还可以使用1股马海毛线（1000~1500米/100克）和1股羊毛线（谢苗诺夫品牌"莉迪娅"，1613米/100克；或哈普萨鲁羊毛线，1400米/100克）

- 棒针：马海毛线（1000米/100克）使用2.5毫米棒针，其他线材使用2毫米棒针

可以通过扫描二维码查看清晰的完整图解。

请注意，齿状花边简单版本的织法与镂空版本的不同，请仔细阅读下方的建议。

———————

可以按图解中5个重复单元（8个齿状花样）的倍数来加针，以扩大披肩的尺寸

编织方法

1 编织下方齿状花边。

使用任意起针法起6针，编织第0行，然后按照图解编织下方的齿状花边。

下方及右侧齿状花边，加减针发生在正面行；左侧及上方齿状花边，加减针发生在反面行。根据图解，齿状花样的减针在一行的起点，方法为连续编织5次下针的2针并1针。

共编织43个齿状花样。

———————

一个简单版本的齿状花边为5处镂空或10行，即边上有5个小辫子一样的边针。齿状花边的图解包含了边针。为了避免混淆，按照挂针形成的洞眼来数齿状花边的行数会比较简单，跟镂空版本的齿状花边一样

———————

图解中，齿状花样的重复单元以黄色格子标出

2 为披肩主体部分挑针。

编织下一个齿状花样的第1行正面行，右棒针上减掉5针之后余7针（含1针挂针）。

为披肩主体部分的第1行挑出215针并编织。

3 为左侧齿状花边挑针。

沿着第1条齿状花边的边针挑6针，并编织。接下来翻转织片，编织反面行，并根据图解第2行，编织左侧齿状花边的加针。然后按照披肩的图解，编织余下的针目至主体部分图解的终点，再编织右侧齿状花边的花样。

现在披肩的所有针目已完成起针——完成反面行后，棒针上共229针：7针左侧齿状花样，215针主体部分，7针右侧齿状花样。

4 按照披肩图解继续编织。

披肩的中心织片根据不同的宽度和长度，应重复的花样次数为：

- 43×43个齿状花样的披肩：16次
- 51×51个齿状花样的披肩：21次
- 59×59个齿状花样的披肩：26次

130~133页图解中的齿状花样是"被折叠"的版本，因为图解只显示了正面行，要按照128页二维码中提供的完整齿状花边图解来编织（注意左侧及上方齿状花样的镂空行在反面行编织）。

———————————————

别忘了，第431行要按照图解增加挂针

5 编织上方齿状花边。

完成了最后一行反面行（第431行）之后，从反面行（第432行）一边编织上方齿状花边，一边与披肩主体部分连接。

首先，编织左侧齿状花边反面行的针目。然后，将披肩主体部分的头2针一起编织下针的2针并1针（其余针目不编织）。接下来翻转织片，继续按照左侧齿状花边的图解编织（第3行及后续行）。也就是说，齿状花边简单版本的

左侧/上方齿状花样图解　　　　右侧/下方齿状花样图解

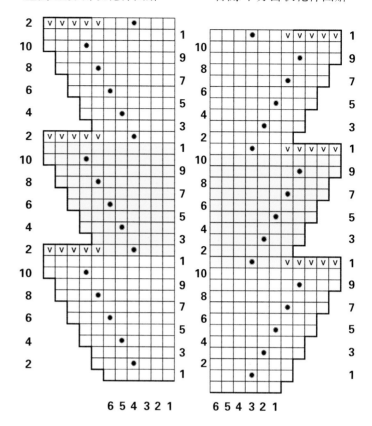

6 5 4 3 2 1　　　　6 5 4 3 2 1

编织方法与镂空版本的相似，但是镂空行是在反面行编织。

6 完成编织。

完成43个上方齿状花样，同时完成披肩主体部分的所有减针，编织下一个齿状花样的第1行（这一行在图解中用红色标出）。棒针上从右向左分别是：7针上方齿状花样，1针主体部分，7针右侧齿状花样（在左棒针上）。接下来先编织下针的3针并1针——1针来自上方齿状花样，1针来自披肩主体部分，1针来自右侧齿状花样。（注：使用111~113页的编织方法，将右棒针上的2针滑到左棒针上做下针的3针并1针。）

不要将织出来的并针拉得太紧。将它滑回左棒针上，再用同样的方法反复并针编织。

7 对完成的披肩进行定型（见118页）。

图解：披肩莫斯科郊外的夜晚（第1部分）

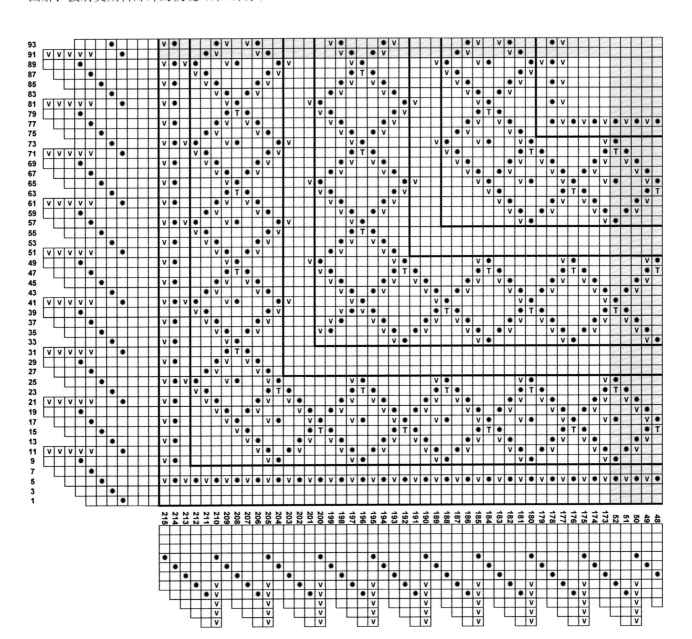

图解：披肩莫斯科郊外的夜晚（第2部分）

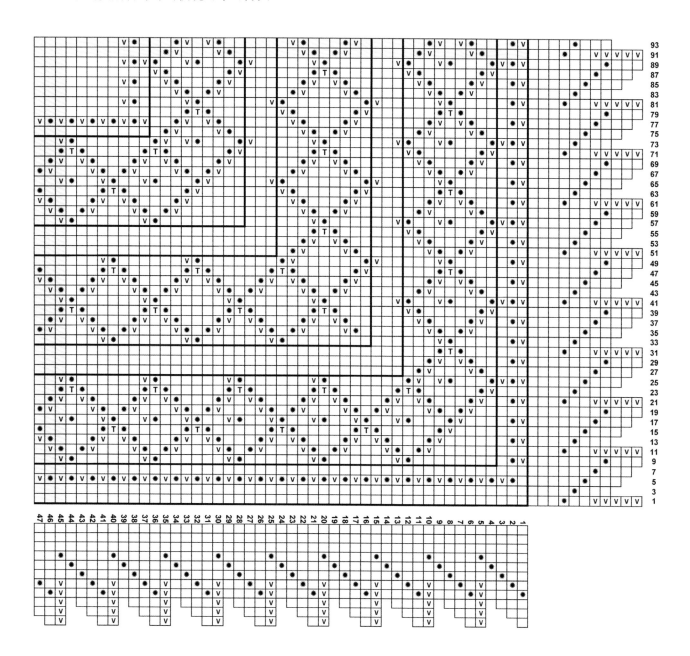

图解：披肩莫斯科郊外的夜晚（第3部分）

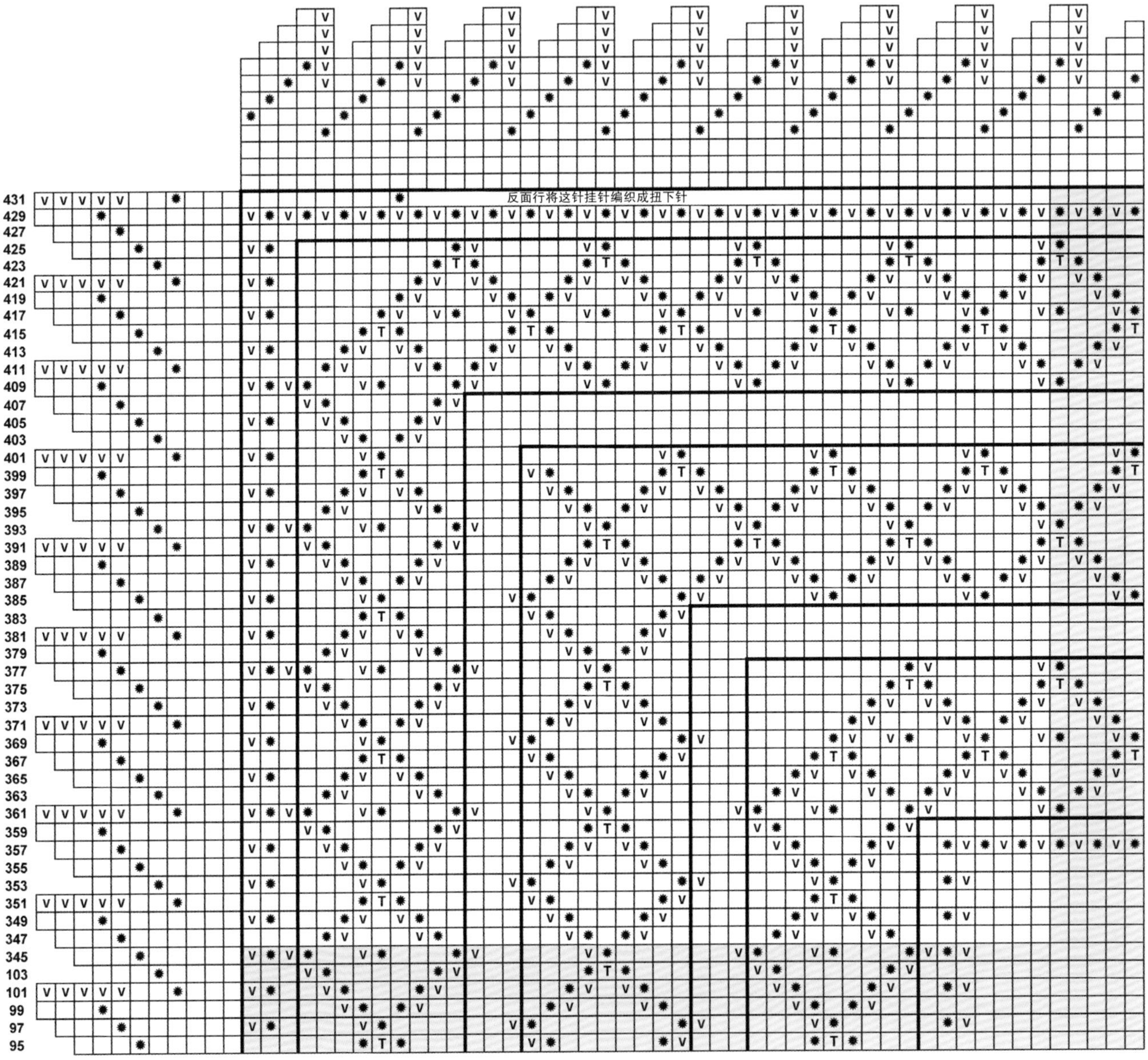

图解：披肩莫斯科郊外的夜晚（第4部分）

反面行将这针挂针编织成扭下针

	431
	429
	427
	425
	423
	421
	419
	417
	415
	413
	411
	409
	407
	405
	403
	401
	399
	397
	395
	393
	391
	389
	387
	385
	383
	381
	379
	377
	375
	373
	371
	369
	367
	365
	363
	361
	359
	357
	355
	353
	351
	349
	347
	345
	103
	101
	99
	97
	95

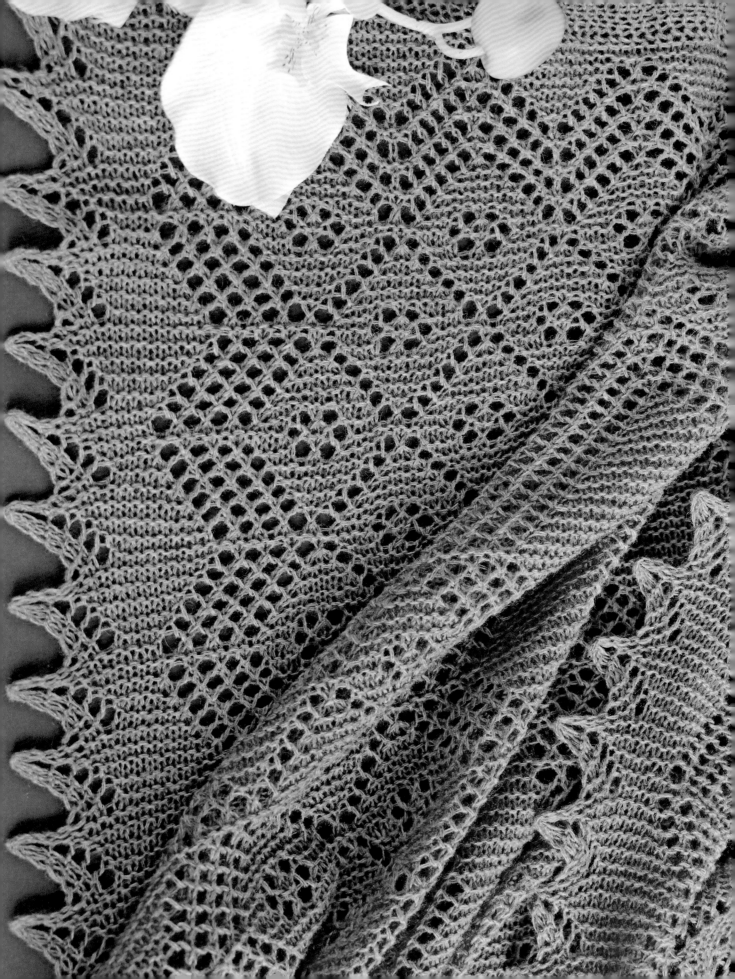

薰衣草
（简单版本的齿状花边披肩）

这是一条并不复杂的小正方形披肩。中心织片的菱形花样编织了起伏针，带有简单版本的齿状花边。你可以选择较粗的线材来尝试编织。这条披肩可以衍生出一系列披肩，它们拥有共同的花样。

披肩尺寸：每行209针，不计齿状花边的针数（长和宽各为42个简单版本的齿状花样，对应26个镂空版本的齿状花样）

定型后的参考尺寸：115厘米×115厘米

你将需要

- 羊毛线（双股编织）1500米/100克，200克（3000米）

这条披肩我选择了设得兰羊毛线编织，品牌为Papi Fabio paola（80%羔羊毛，20%锦纶）

替代线：羊毛线（单股编织）750~1000米/100克，马海毛线1000米/100克，或者绒毛线。用线量约1500米

- 棒针：羊毛线使用2毫米棒针，马海毛线使用2.5毫米棒针

披肩的图解按以下顺序分区：

第9部分	第10部分	第11部分	第12部分
第5部分	第6部分	第7部分	第8部分
第1部分	第2部分	第3部分	第4部分

可以通过扫描二维码查看清晰的完整图解。

编织方法

1 编织下方齿状花边。

使用任意起针法起6针，编织第0行，然后按照图解编织下方齿状花边。

下方及右侧齿状花边的加减针发生在正面行，左侧及上方齿状花边的加减针发生在反面行。根据图解，齿状花样的减针在一行的起点，方法为连续编织5次下针的2针并1针。

一个简单版本的齿状花样为5处镂空或10行，即边上有5个小辫子一样的边针。齿状花边的图解包含了边针。为了避免混淆，按照挂针形成的洞眼来数齿状花边的行数会比较简单，跟镂空版本的齿状花边一样。齿状花样的重复单元以黄色格子标出。

共编织42个齿状花样。

2 为披肩主体部分挑针。

编织下一个齿状花样的第1行正面行，右棒针上减掉5针之后余7针（含1针挂针）。然后从披肩主体部分的第1行挑出209针并编织，披肩的边针比应挑针数多1针。

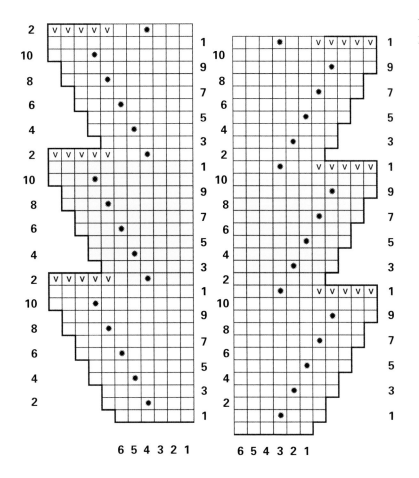

左侧/上方齿状
花边图解

下方/右侧齿状
花边图解

3 为左侧齿状花边挑针。

沿着第1条齿状花边的第0行挑6针并编织。接下来翻转织片，编织反面行，并根据图解第2行，编织左侧齿状花边的加针。然后按照披肩的图解，编织余下的针目至主体部分图解的终点，再编织右侧齿状花边的花样。

现在披肩的所有针目已完成起针——完成反面行后，棒针上共223针：7针左侧齿状花样，209针主体部分，7针右侧齿状花样。

4 按照披肩图解继续编织。

不要试图通过修改图解来编织出不同针数的披肩。这份图解的针数一改，重复单元就无法匹配，所以不能简单地通过减少或增加花样的数量来调整披肩的宽度和长度

140~151页图解中的齿状花样是"被折叠"的版本，因为图解只显示了正面行，要按照完整齿状花边图解来编织（注意左侧和上方齿状花样的镂空行在反面行编织）。

别忘了，第419行要按照图解增加挂针

137

5 编织上方齿状花边。

完成了最后一行正面行（第421行）之后，一边从反面行（第422行）编织上方齿状花边，一边与披肩的主体部分连接。

首先，编织左侧齿状花边反面行的针目。然后，将披肩主体部分的头2针一起编织下针的2针并1针（其余针目不编织）。接下来翻转织片，继续按照左侧齿状花边图解编织（第3行及后续行）。也就是说，齿状花边简单版本的编织方法与镂空版本的相似，但是镂空行是在反面行编织。

6 完成编织。

完成了42个上方齿状花样，同时完成披肩主体部分的所有减针，编织下一个齿状花样的第1行（这一行在图解中用红色标出）。棒针上从右向左分别是：7针上方齿状花样，1针主体部分，7针右侧齿状花样（在左棒针上）。接下来编织下针的3针并1针——1针来自上方齿状花样，1针来自披肩的主体部分，1针来自右侧齿状花样。（注：使用111~113页的编织方法，将右棒针的2针滑到左棒针上做下针的3针并1针。）

不要将织出来的并针拉得太紧。将它滑回左棒针上，再用同样的方法反复并针编织。

7 对完成的披肩进行定型（见118页）。

图解：披肩薰衣草（第1部分）

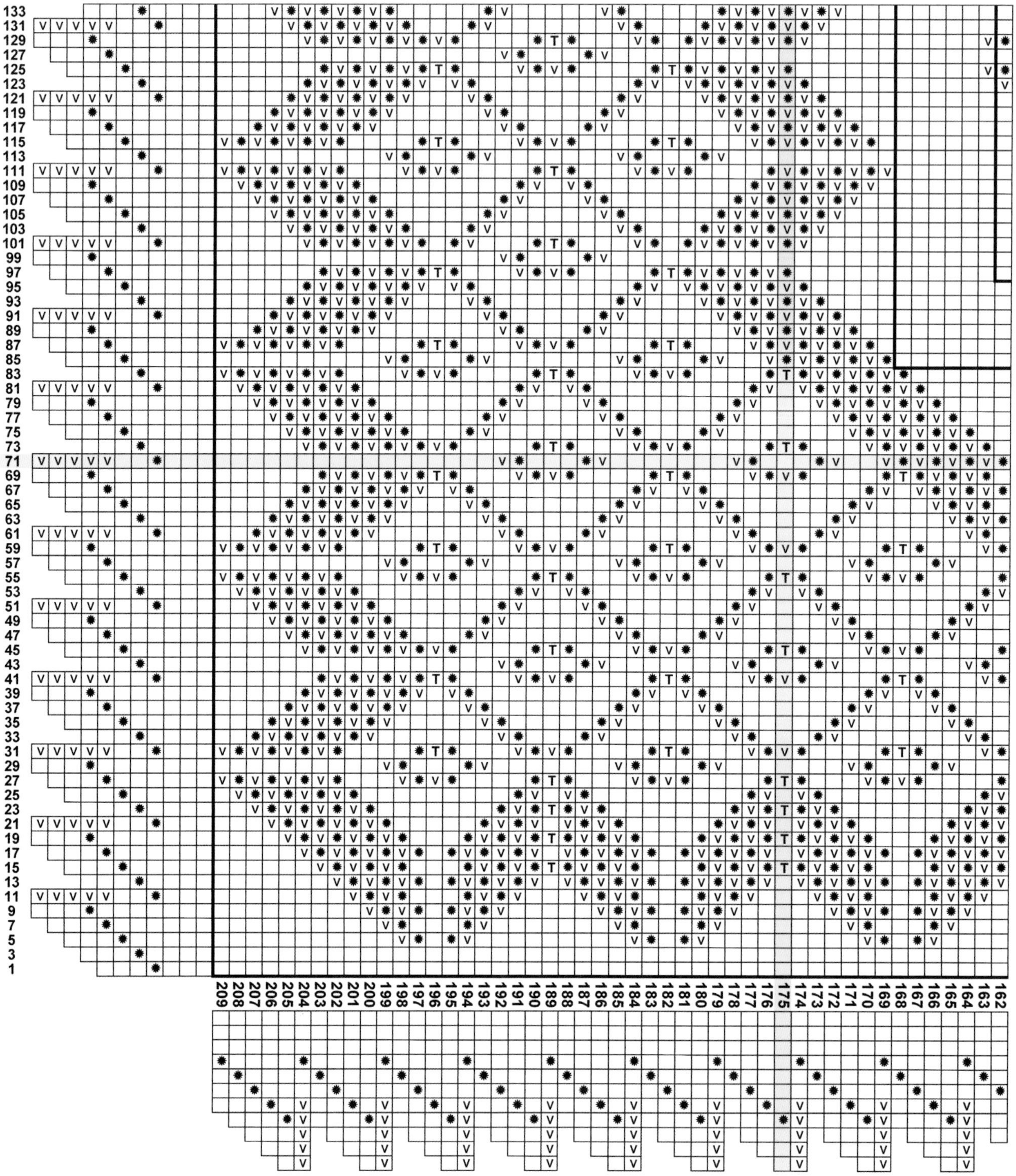

图解：披肩薰衣草（第2部分）

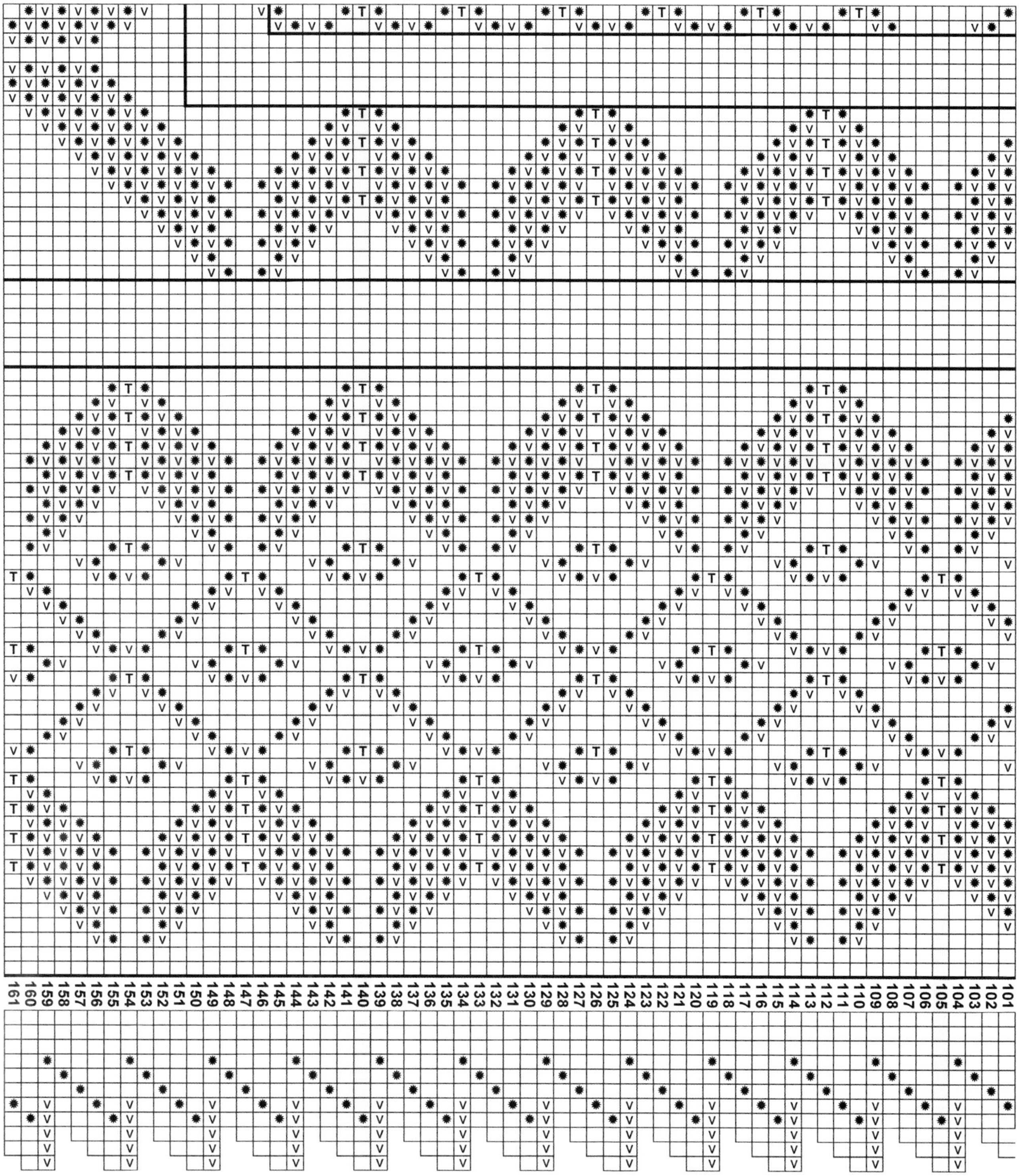

图解：披肩薰衣草（第3部分）

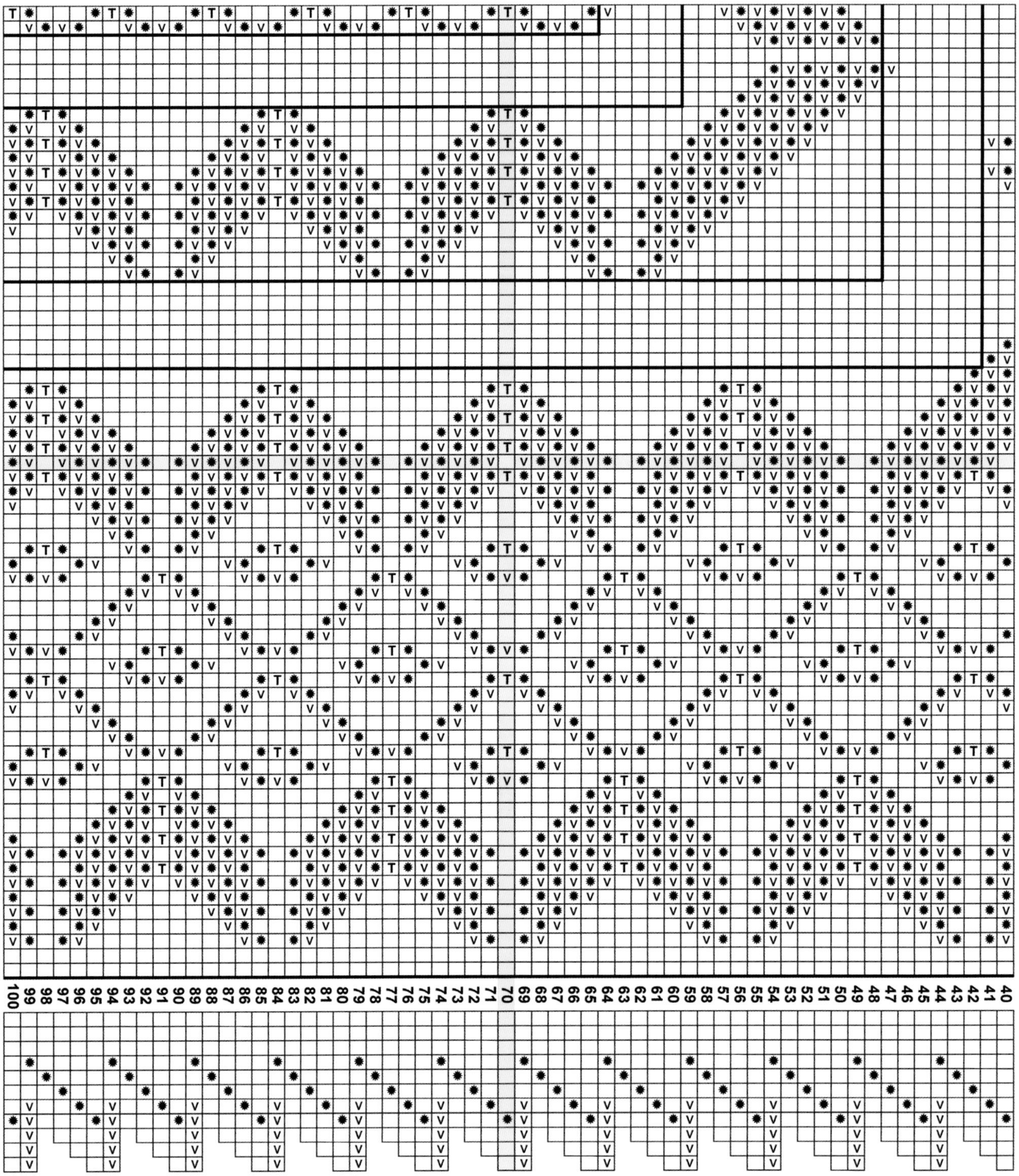

图解：披肩薰衣草（第4部分）

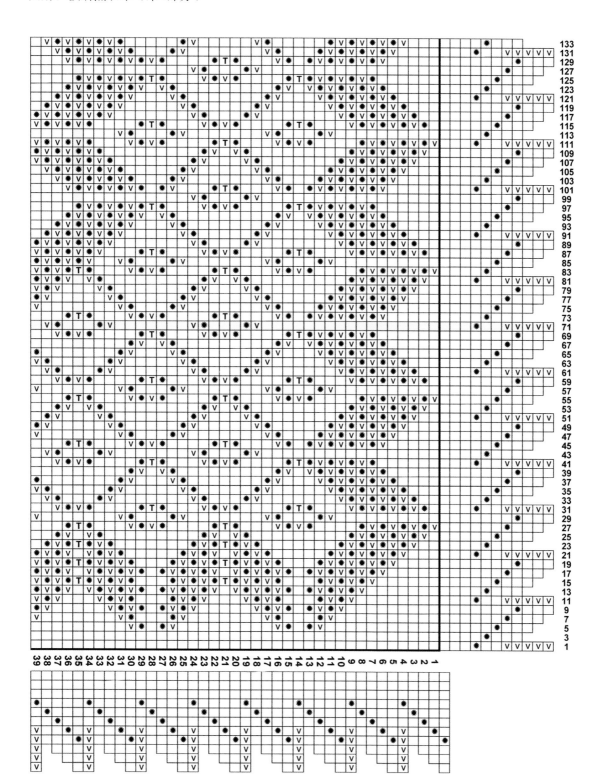

图解：披肩薰衣草（第5部分）

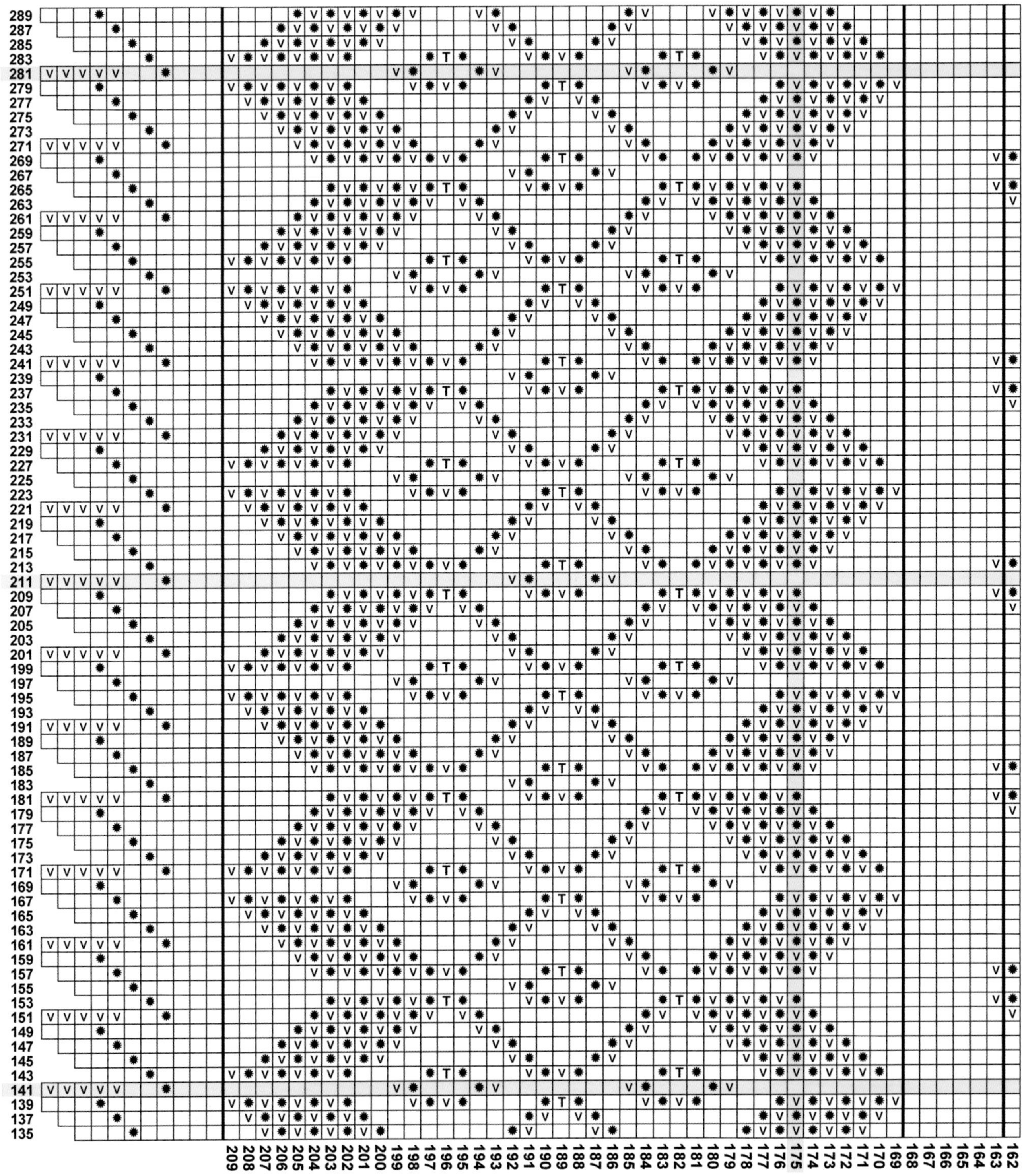

图解：披肩薰衣草（第6部分）

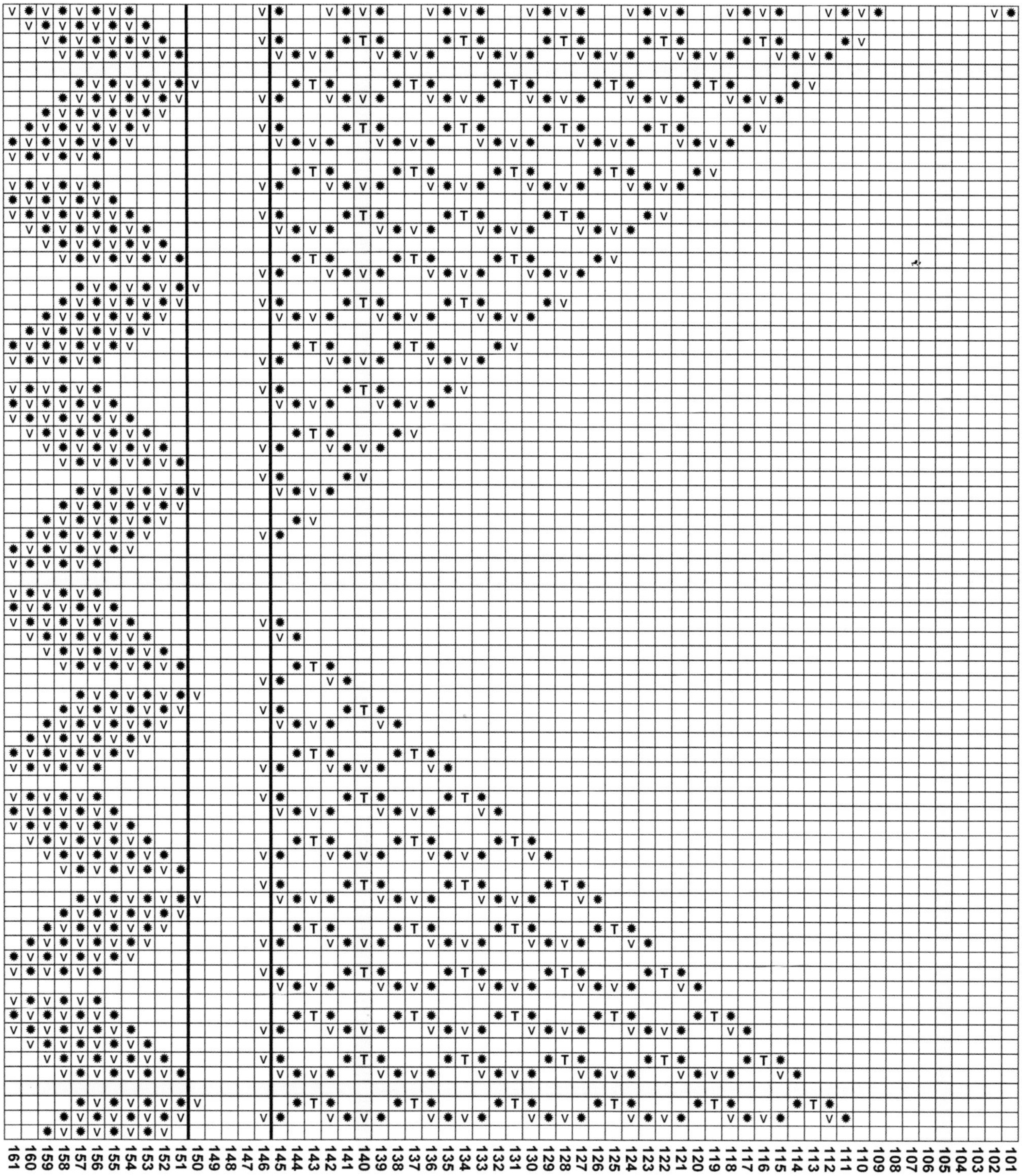

图解：披肩薰衣草（第7部分）

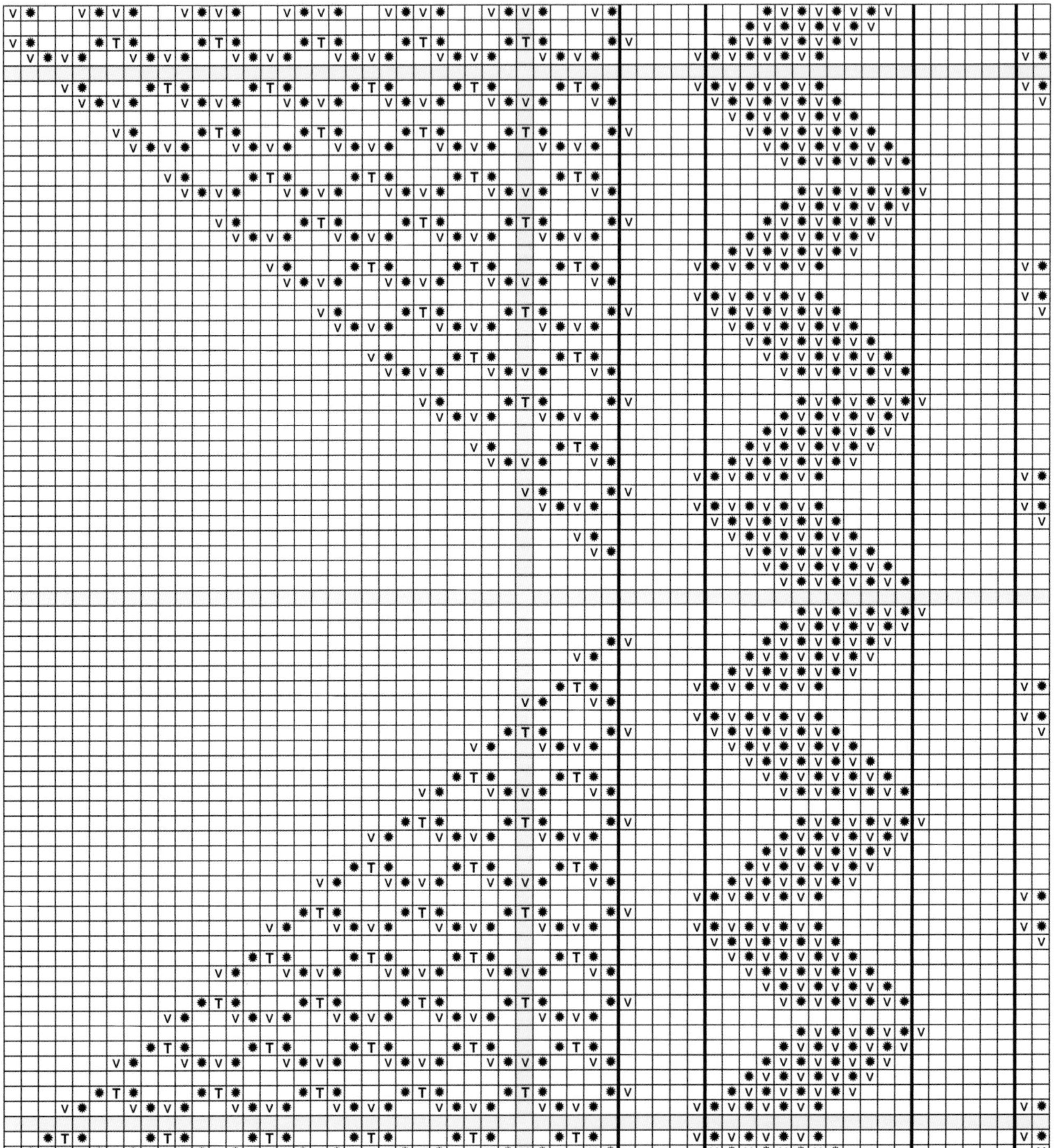

图解：披肩薰衣草（第8部分）

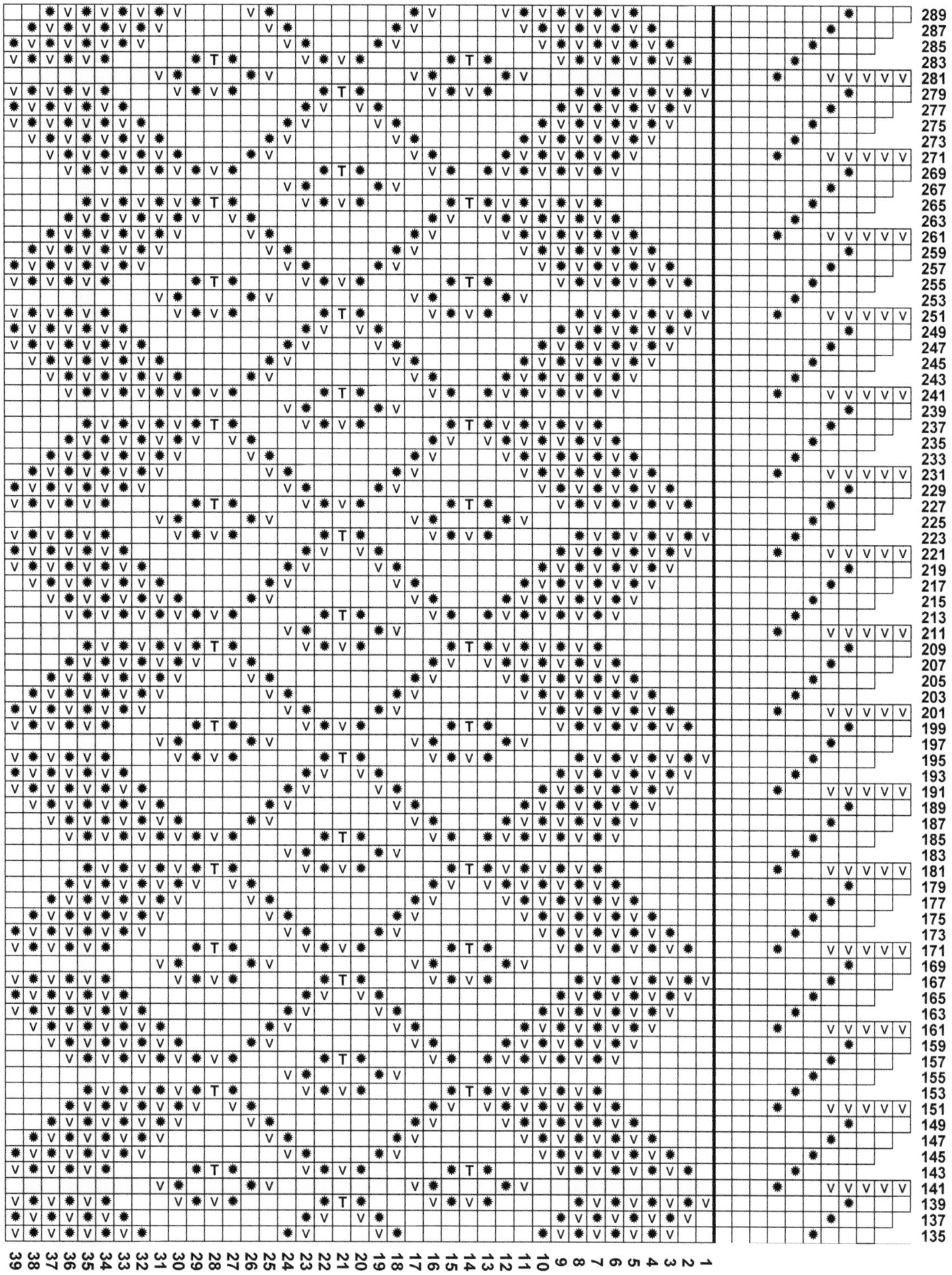

图解：披肩薰衣草（第9部分）

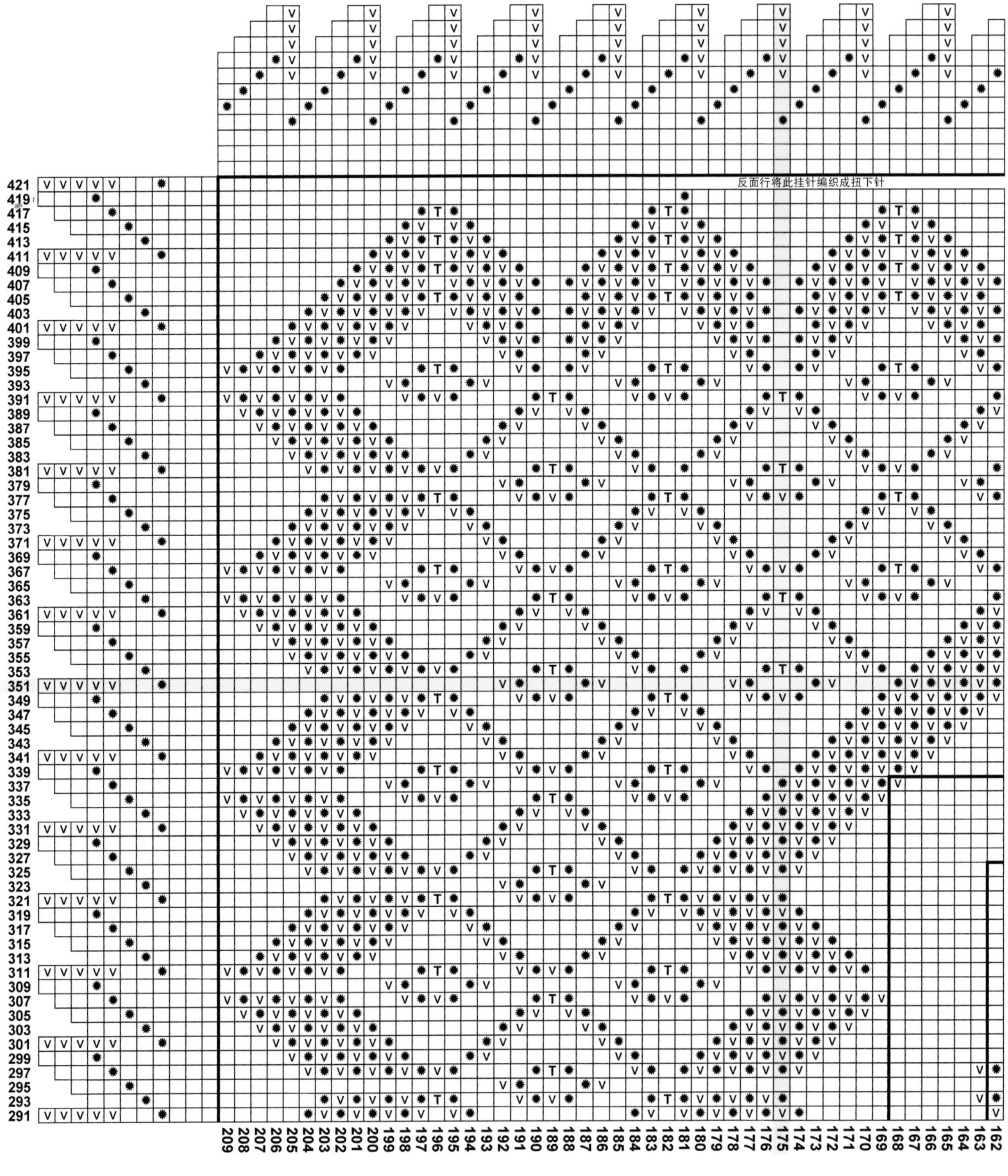
反面行将此挂针编织成扭下针

图解：披肩薰衣草（第10部分）

图解：披肩薰衣草（第11部分）

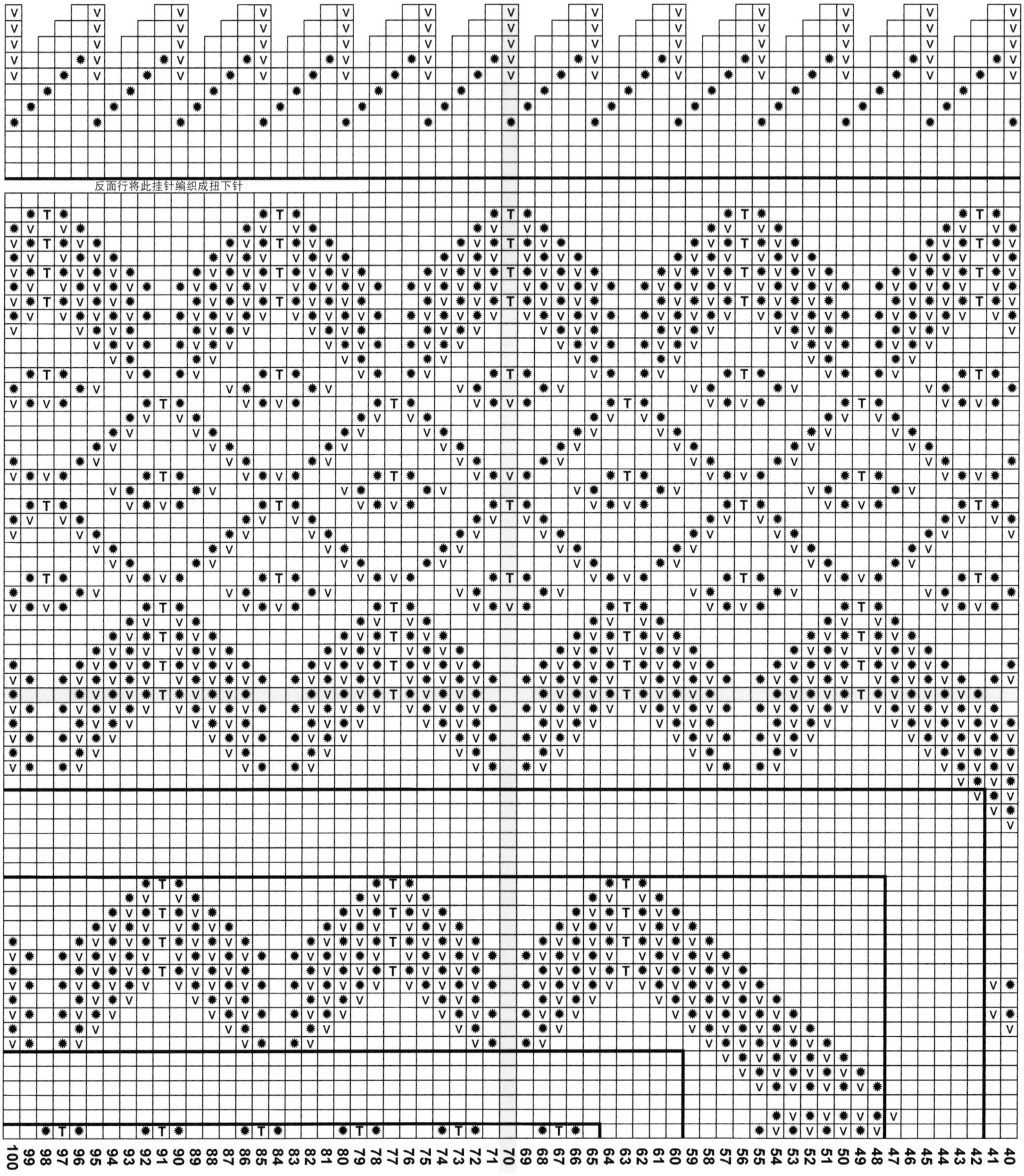

反面行将此挂针编织成扭下针

100 99 98 97 96 95 94 93 92 91 90 89 88 87 86 85 84 83 82 81 80 79 78 77 76 75 74 73 72 71 70 69 68 67 66 65 64 63 62 61 60 59 58 57 56 55 54 53 52 51 50 49 48 47 46 45 44 43 42 41 40

图解：披肩薰衣草（第12部分）

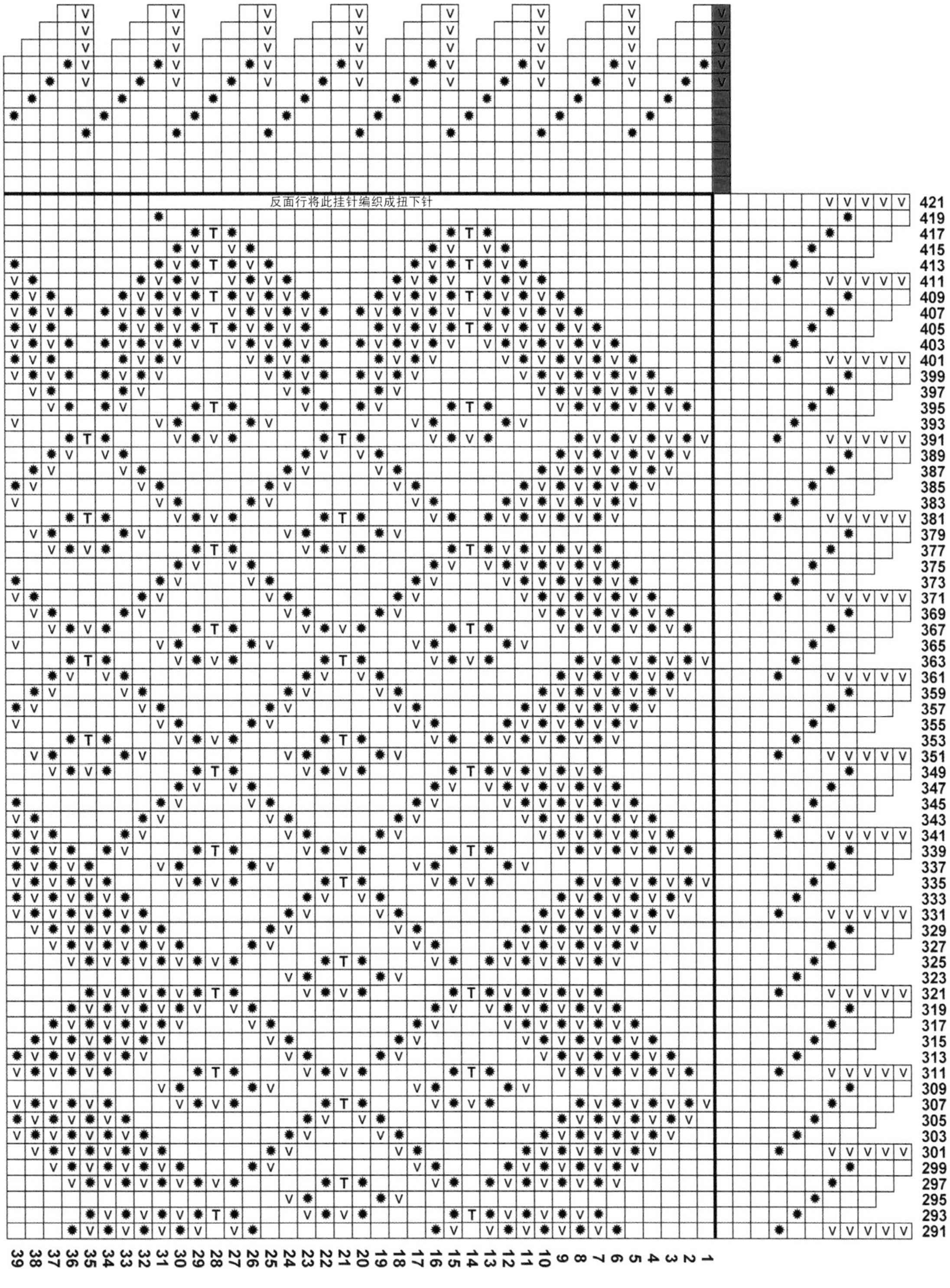
反面行将此挂针编织成扭下针

北方的河

（长披肩）

这条长披肩的2条侧边没有装饰边框，但它拥有传统的篱笆饰带和满花图案的中心织片，就像一条存在于博物馆里的古老蛛网蕾丝披肩。

装饰边框位于披肩的上下两端，大尺寸的雪花花样让人联想到巴甫洛夫波萨德头巾上的流苏。

我为这条披肩挑选的线材是夹金银丝的马海毛线，这将为作品增添独特的色彩。

这条披肩编织起来既轻松又快捷。它的中心织片由重复的满花图案浆果构成。

长披肩尺寸：宽为每行105针（13个齿状花样），长为35个齿状花样

定型后的参考尺寸：70厘米×180厘米

你将需要

- 马海毛线1000米/100克，140克（1400米）

- 棒针：2.5毫米棒针

如果使用1500米/100克粗细的线材，可使用2毫米或更粗的棒针，取决于你的手劲儿松紧。
这条披肩我选择的线材品牌为Silk Kid，含72%超幼马海毛，25%真丝，3%锦纶（即金银丝）

注意，这份图解对于那些不知道作品实际用线量的人来说非常友好，不必担心准备的线量不够。把线量分成2份，织完一半时，就把这个位置作为中心织片的中间。从这个地方开始，按照之前的花样数量编织完一条披肩即可。

这份图解的重复单元以彩色格子标出，可以将它们多循环编织几次，以增加长度（按2个齿状花样的倍数增加，齿状花样数量可以为37、39、41等）。至于宽度，则可以按4个齿状花样的倍数增加。例如宽度可以是17个齿状花样，若增加2个重复单元则为21个齿状花样

可以通过扫描二维码查看清晰的完整图解。

编织方法

1 编织下方齿状花边。

   使用任意起针法起8针，编织第0行，然后按照图解编织下方的齿状花边。

   齿状花边的重复单元在图解中以黄色格子标出。

   共编织13个齿状花样。

2 为披肩主体部分挑针。

   编织下一个齿状花样的第1行正面行，右棒针上余9针，然后为披肩主体部分挑出105针。由于边针的位置少了1个，所以需要加1针。此时左侧齿状花边还没开始挑针。

   现在，棒针上为105针主体部分、8针右侧齿状花样。

3 为左侧齿状花边挑针。

编织下一个齿状花样的第3行，接着是披肩主体部分图解的第3行，先挑出左侧齿状花边的针目，再按照左侧齿状花边图解的第3行编织花样（见107页第3步）。

现在披肩的所有针目已完成起针：9针左侧齿状花样，105针主体部分，9针右侧齿状花样。共123针。

反面行编织下针，编织豆子花样时，参考58页的"实用建议"。

4 按照披肩图解继续编织。

根据长度不同，披肩的中心织片应重复的花样次数为：

- 长为35个齿状花样：9次
- 长为37个齿状花样：10次
- 长为39个齿状花样：11次
- 长为41个齿状花样：12次

完整图解所展示的行数为35个齿状花样。

156~159页图解中的齿状花样是"被折叠"的版本，因为图解只显示了正面行，要按照完整齿状花边图解来编织（注意左侧和上方齿状花样的镂空行在反面行编织）。

5 编织上方齿状花边（见110页第5步），完成编织（见111页第6步），为披肩定型（见118页）。

左侧齿状花边图解　　下方右侧/上方齿状花边图解

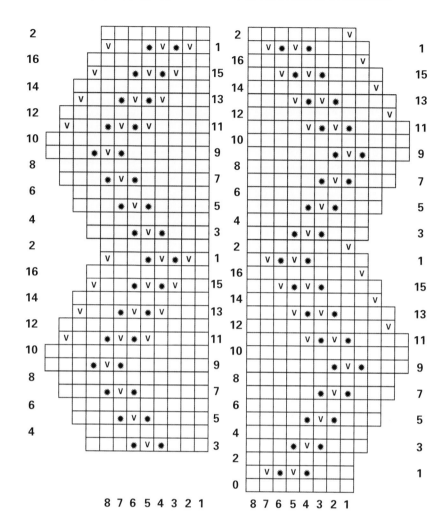

图解：长披肩北方的河（第1部分）

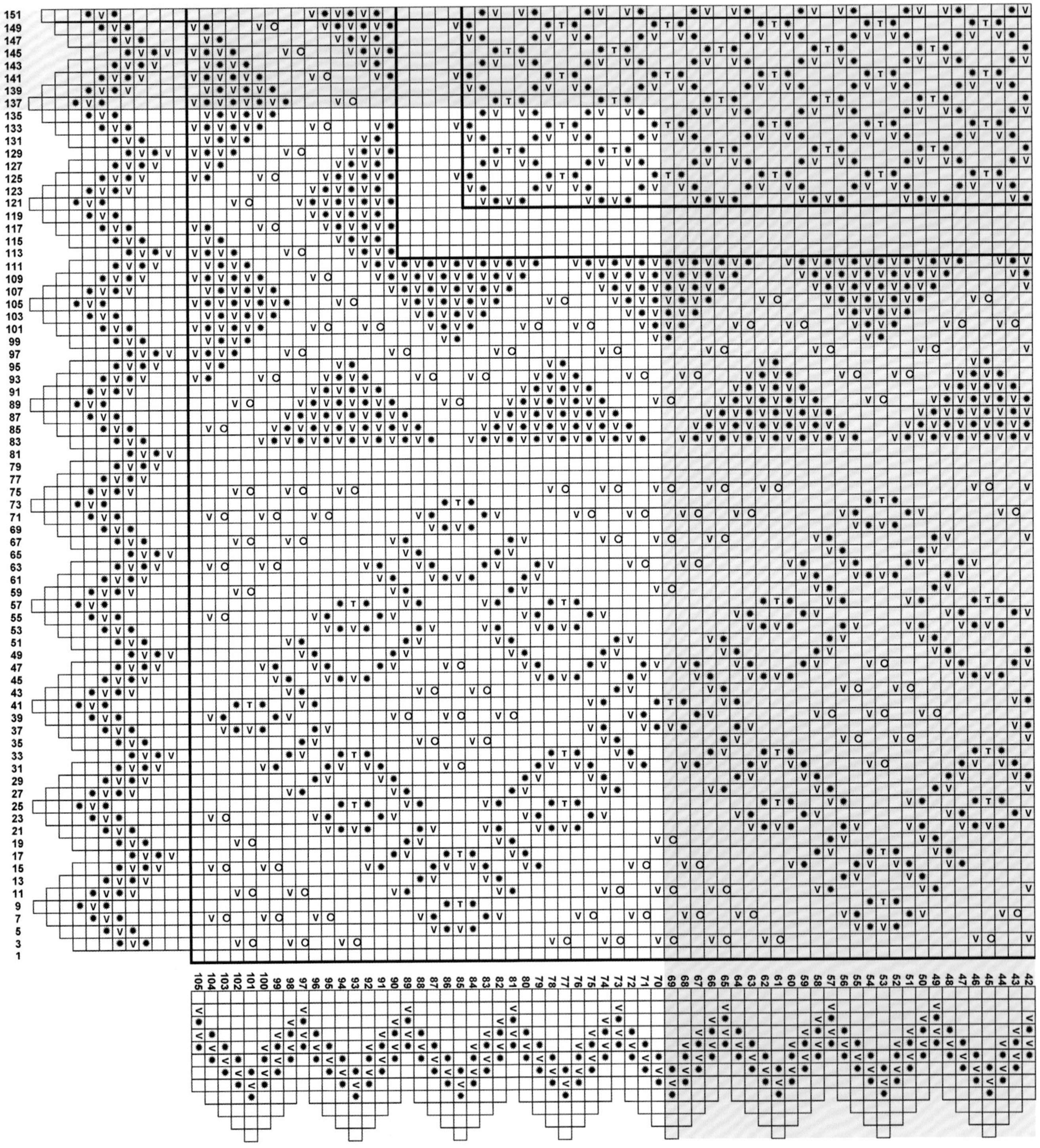

图解：长披肩北方的河（第2部分）

157

图解：长披肩北方的河（第3部分）

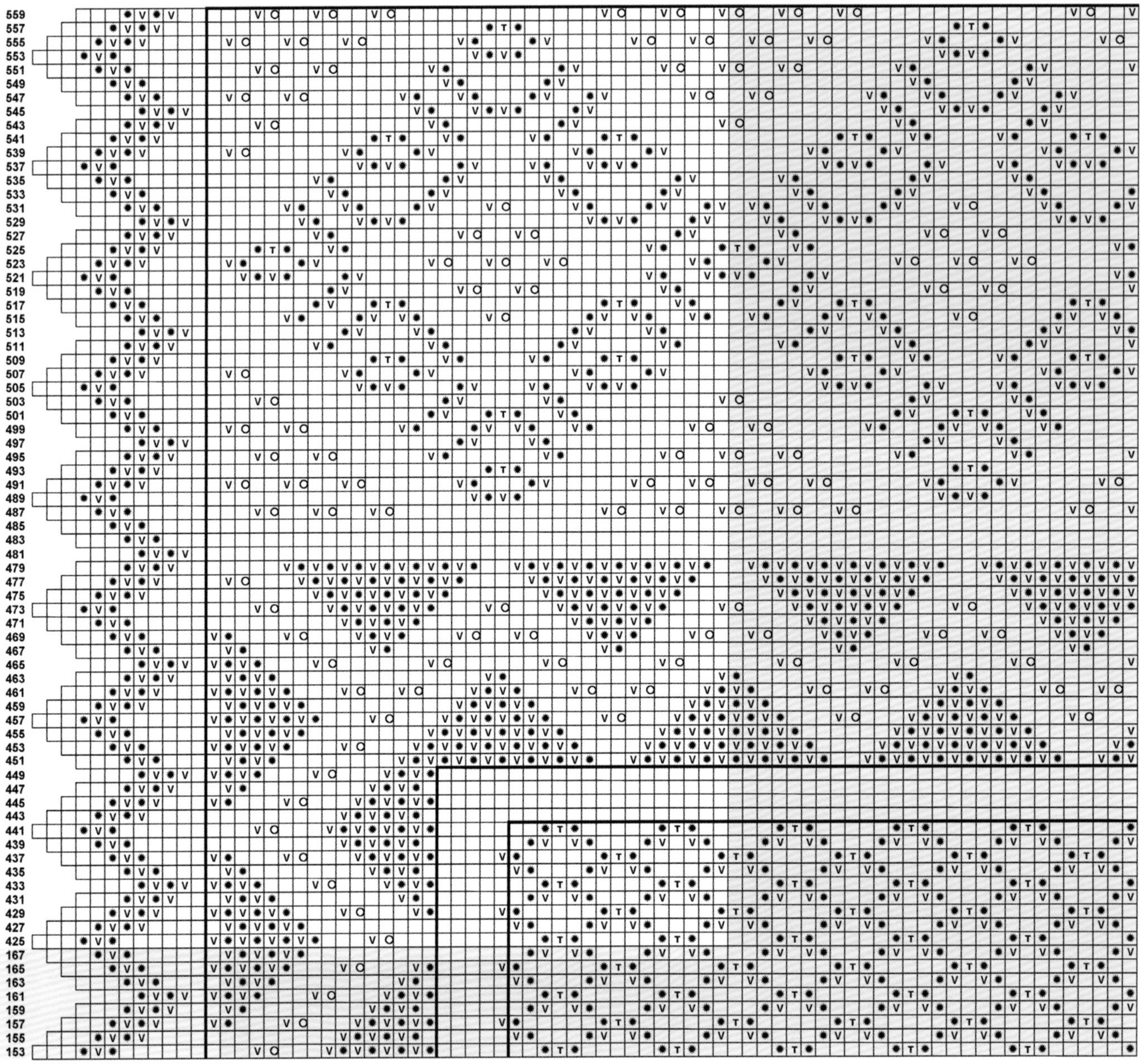

图解：长披肩北方的河（第4部分）

167	199	231	263	295	327	359	391	423
165	197	229	261	293	325	357	389	421
163	195	227	259	291	323	355	387	419
161	193	225	257	289	321	353	385	417
159	191	223	255	287	319	351	383	415
157	189	221	253	285	317	349	381	413
155	187	219	251	283	315	347	379	411
153	185	217	249	281	313	345	377	409

春天
（中心织片为满花图案的披肩）

当我开始构思这条披肩的图解时，我的脑海中浮现出一个名字——霍赫洛玛。霍赫洛玛装饰画是俄罗斯一种传统的木制工艺品，有各种特色图案和装饰元素。

这条披肩的中心织片为花朵花样和雪花花样的组合，所以我将它命名为"春天"。我用霍赫洛玛装饰画的元素设计了一整套披肩图解——除了春天披肩之外，还有花朵花样的夏天披肩、小雪花花样的冬天披肩和蜂巢花样的蜂蜜披肩。

春天是一条方形披肩，中心织片为满花图案，由六边形的花样相互连接而成。

披肩尺寸：每行225针，不计齿状花样针数（长和宽均为28个齿状花样）

定型后的参考尺寸：115厘米×115厘米

如果使用1000米/100克的马海毛线编织，披肩的尺寸将变得更大

你将需要

- 绒毛线600~1200米/100克，300克
  （1800米）
  替代线：定型后能维持良好形状的线
  材——羊毛线800~1000米/100克，马海
  毛线1000米/100克

- 棒针：2~2.5毫米棒针

———————————

这条披肩我使用的线材品牌为"奥
伦堡披肩"1C68（50%绒毛、40%
羊毛、10%锦纶，600米/100克）。
后来我才知道，这个线材是为编
织袜子、马甲等而设计的，制作时
使用的是生产绒毛线时的剩余材
料。它没有明显的绒毛，而且损耗
较多（有必须拉出的硬毛）。因
此我建议你们选择其他线材来编
织这条披肩

可以通过扫描二维码查看清
晰的完整图解。

编织方法

1 编织下方齿状花边。

  使用任意起针法起8针，编织第0行，然后
  按照图解编织下方齿状花边。

  齿状花边的重复单元在图解中以黄色格子标
  出。

  共编织28个齿状花样。

2 为披肩主体部分挑针。

  编织下一个齿状花样的第1行正面行——右
  棒针上余9针。

  然后为披肩主体部分挑出225针。由于边针
  的位置少了1个，所以需要加1针。此时左
  侧齿状花样还没开始挑针。

  接下来的反面行（第2行）编织下针。不要
  忘了按照齿状花边的图解将行末的2针一起
  编织下针的2针并1针。现在棒针上为225针
  主体部分、8针右侧齿状花样。

3 为左侧齿状花边挑针。

  编织下一个齿状花样的第3行，然后是披肩
  主体部分图解的第3行，先挑出左侧齿状花
  边的针目，再按照左侧齿状花边图解的第3
  行编织花样（见107页第3步）。

  现在披肩的所有针目已完成起针：9针左侧
  齿状花样，225针主体部分，9针右侧齿状
  花样。共243针。

  反面行编织下针。

左侧齿状花样图解　　　　下方/右侧/上方齿状花样图解

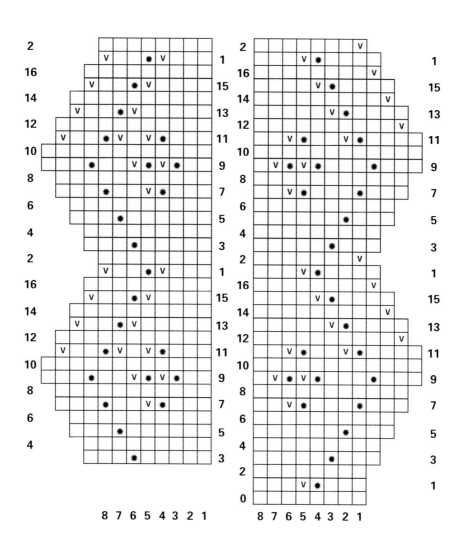

4　按照披肩图解继续编织。

根据宽度，应重复的花样次数为：

- 装饰边框：4次
- 中心织片：2次

5　编织上方齿状花边（见110页第5步），完成披肩
　（见111页第6步），为披肩定型（见118页）。

这条披肩的针数无法修改。
若改变图解的针数，重复单
元就无法匹配，所以不能简
单地通过减少或增加花样的
数量来调整

图解：披肩春天（第1部分）

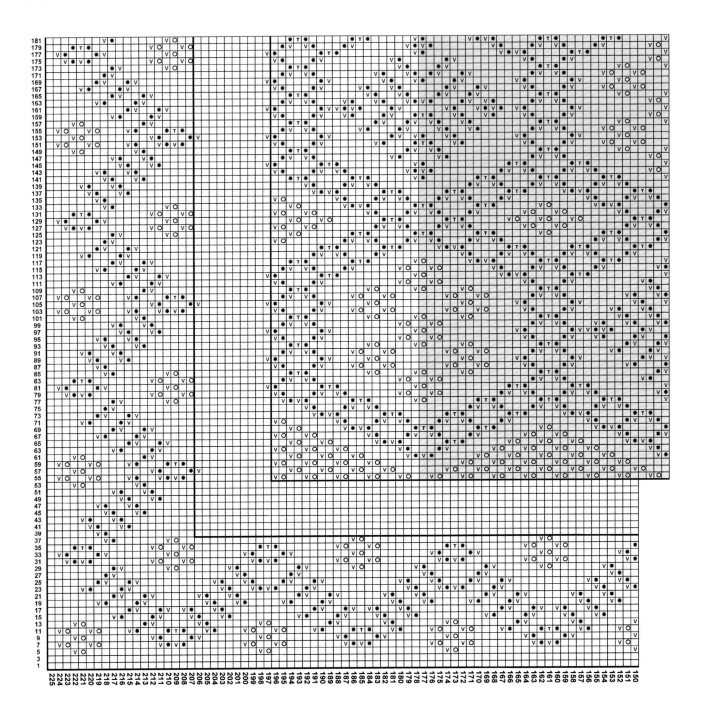

图解：披肩春天（第2部分）

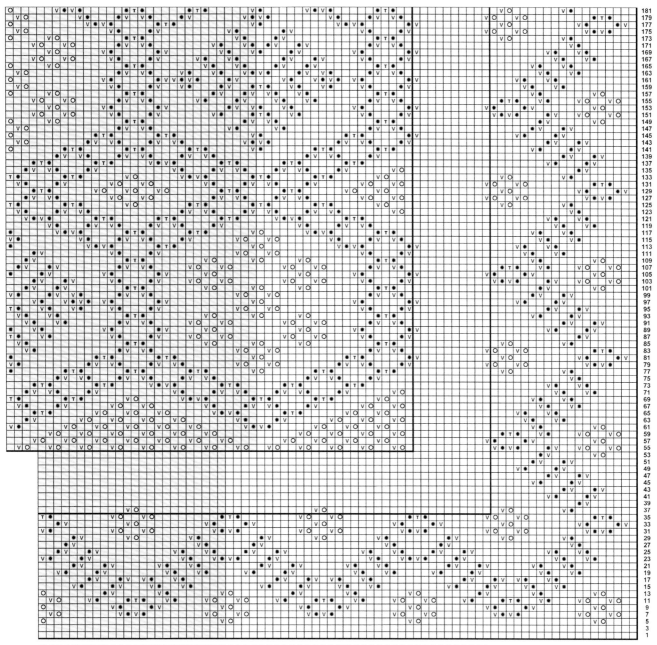

图解：披肩春天（第3部分）

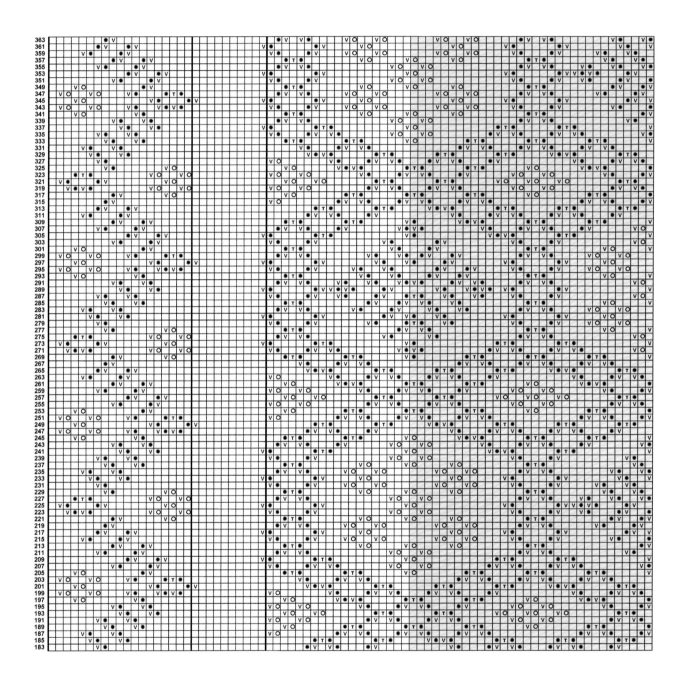

图解：披肩春天（第4部分）

图解：披肩春天（第5部分）

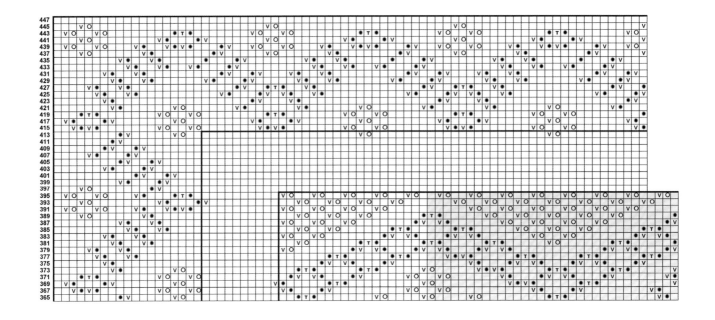

图解：披肩春天（第6部分）

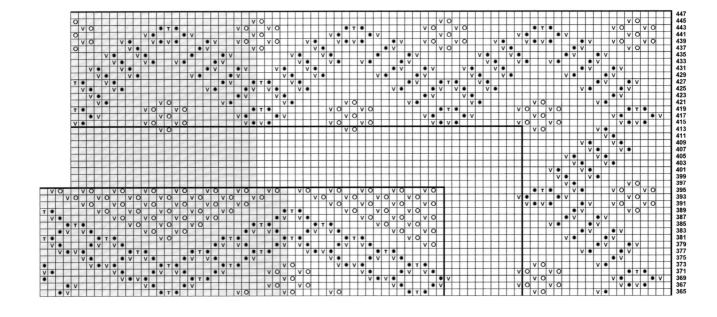

忠诚的朋友

（单轮结构的披肩）

这条披肩的中心织片为传统的单轮结构，由以下花样构成：蜂巢、斜线、珠路、浆果及豆子组成的雪花花样。

披肩尺寸：每行243针，不计齿状花样的针数（宽为30个齿状花样，长为31个齿状花样）

定型后的参考尺寸：135厘米×135厘米

你将需要

- 绒毛线1000~1100米/100克，180克（1900米）
  替代线：马海毛线1000米/100克（1900米），如Linea Piu品牌的Camelot（67%马海毛，30%锦纶，3%羊毛）

- 棒针：绒毛线使用2毫米棒针，马海毛线使用2.5毫米棒针

———————●————————————●———————

这条披肩我选择了设得兰羊毛线编织，品牌为Papi Fabio paola（80%羔羊毛，20%锦纶）

披肩的图解按以下顺序分区：

第9部分	第10部分	第11部分	第12部分
第5部分	第6部分	第7部分	第8部分
第1部分	第2部分	第3部分	第4部分

可以通过扫描二维码查看清晰的完整图解。

编织方法

1 编织下方齿状花边。

   使用任意起针法起13针，编织第0行，然后按照图解编织下方齿状花边。

   齿状花样的重复单元以黄色格子标出。

   共编织30个齿状花样。

2 为披肩主体部分挑针。

   编织下一个齿状花样的第1行正面行，棒针上余14针。

   为披肩主体部分挑出243针。由于边针的位置少3个，所以要加3针。此时还没开始为左侧齿状花边挑针。

   接下来的反面行（第2行）编织下针。不要忘了按照齿状花边的图解将行末的2针一起编织下针的2针并1针。

左侧齿状花样图解   下方/右侧/上方齿状花样图解

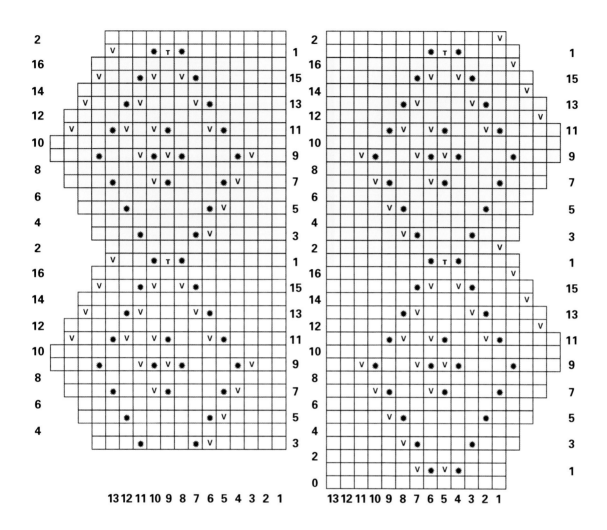

现在棒针上为243针主体部分、13针右侧齿状花样。

3 为左侧齿状花边挑针。

编织下一个齿状花样的第3行，然后是披肩主体部分图解的第3行，先挑出左侧齿状花样的针目，再按照左侧齿状花样图解的第3行编织花样（见107页第3步）。

现在披肩的所有针目已完成起针：14针左侧齿

状花样，243针主体部分，14针右侧齿状花样。共271针。

反面行编织下针。

4 按照披肩图解继续编织上方齿状花边（见110页第5步），完成披肩（见111页第6步）。

注意，最后一行应该减掉2针。

5 将披肩定型成正方形（见118页）。

图解：披肩忠诚的朋友（第1部分）

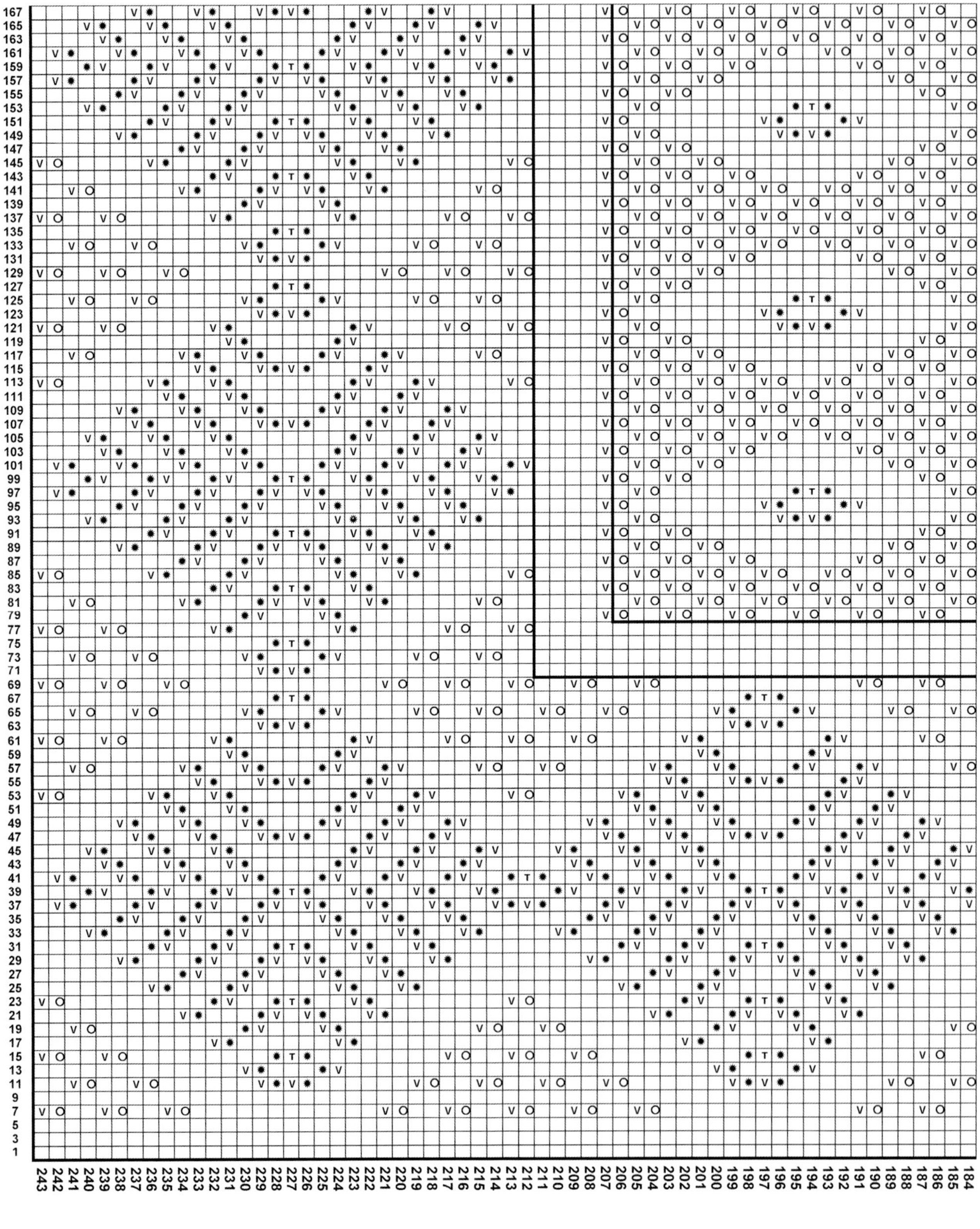

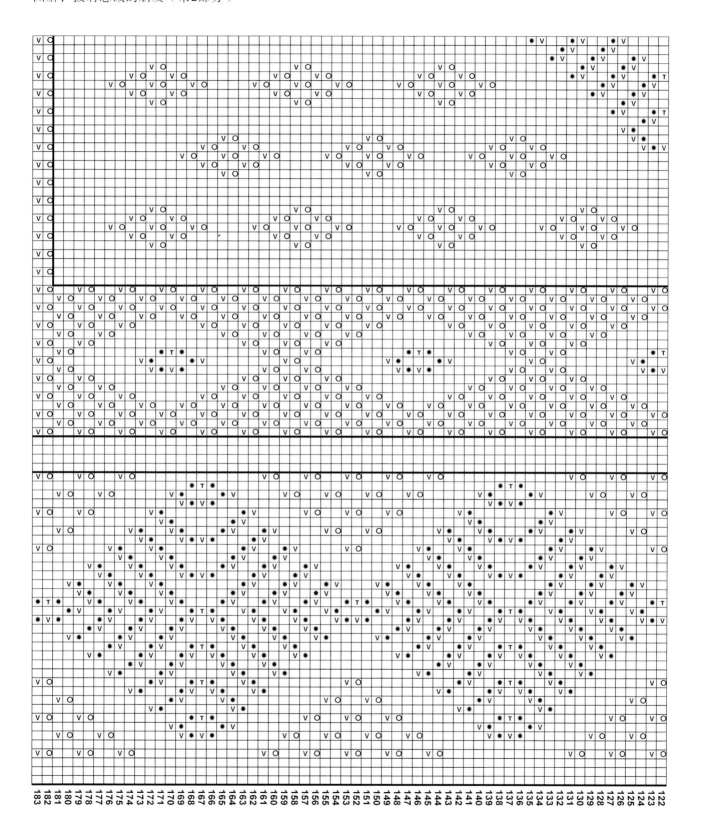

图解：披肩忠诚的朋友（第3部分）

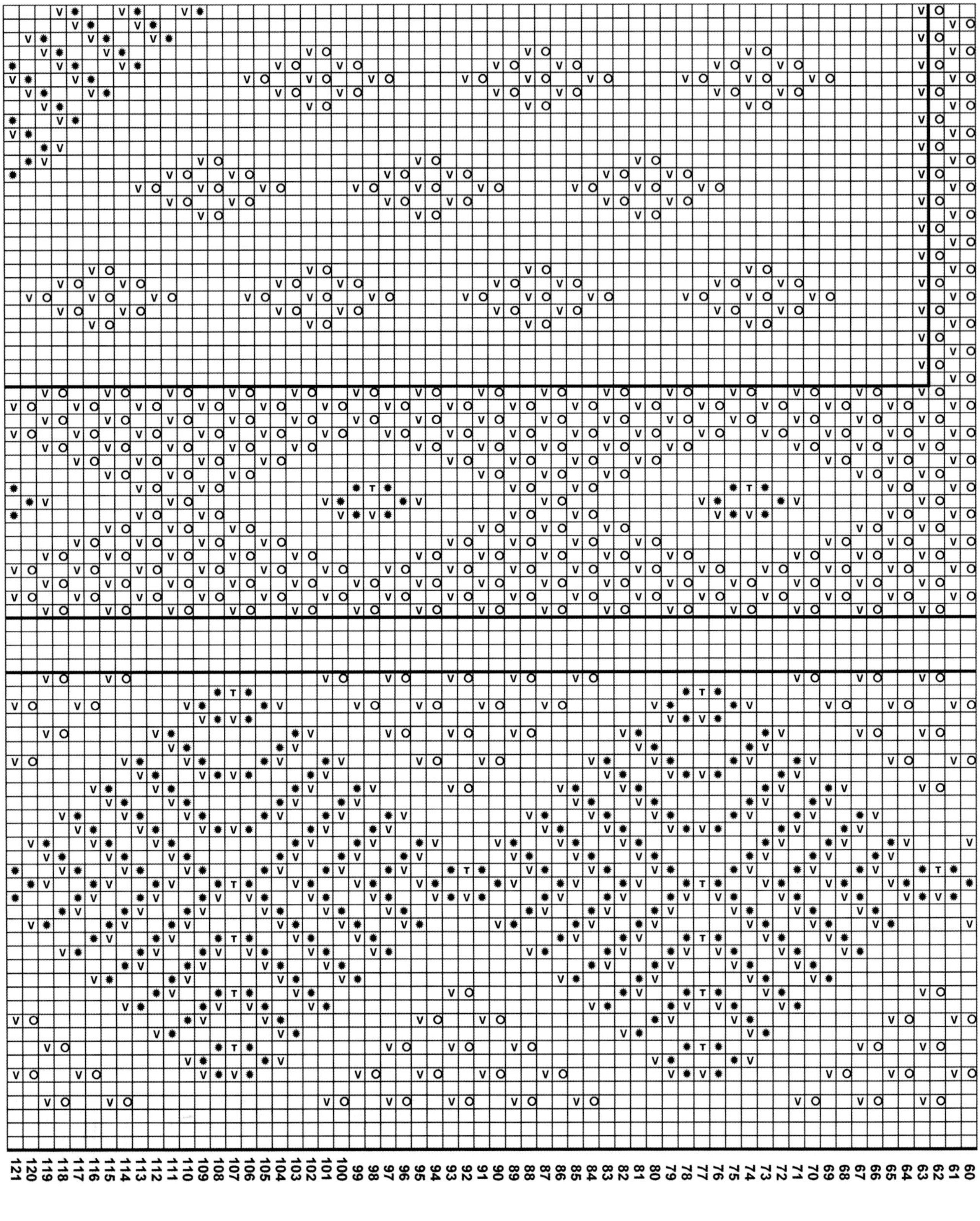

图解：披肩忠诚的朋友（第4部分）

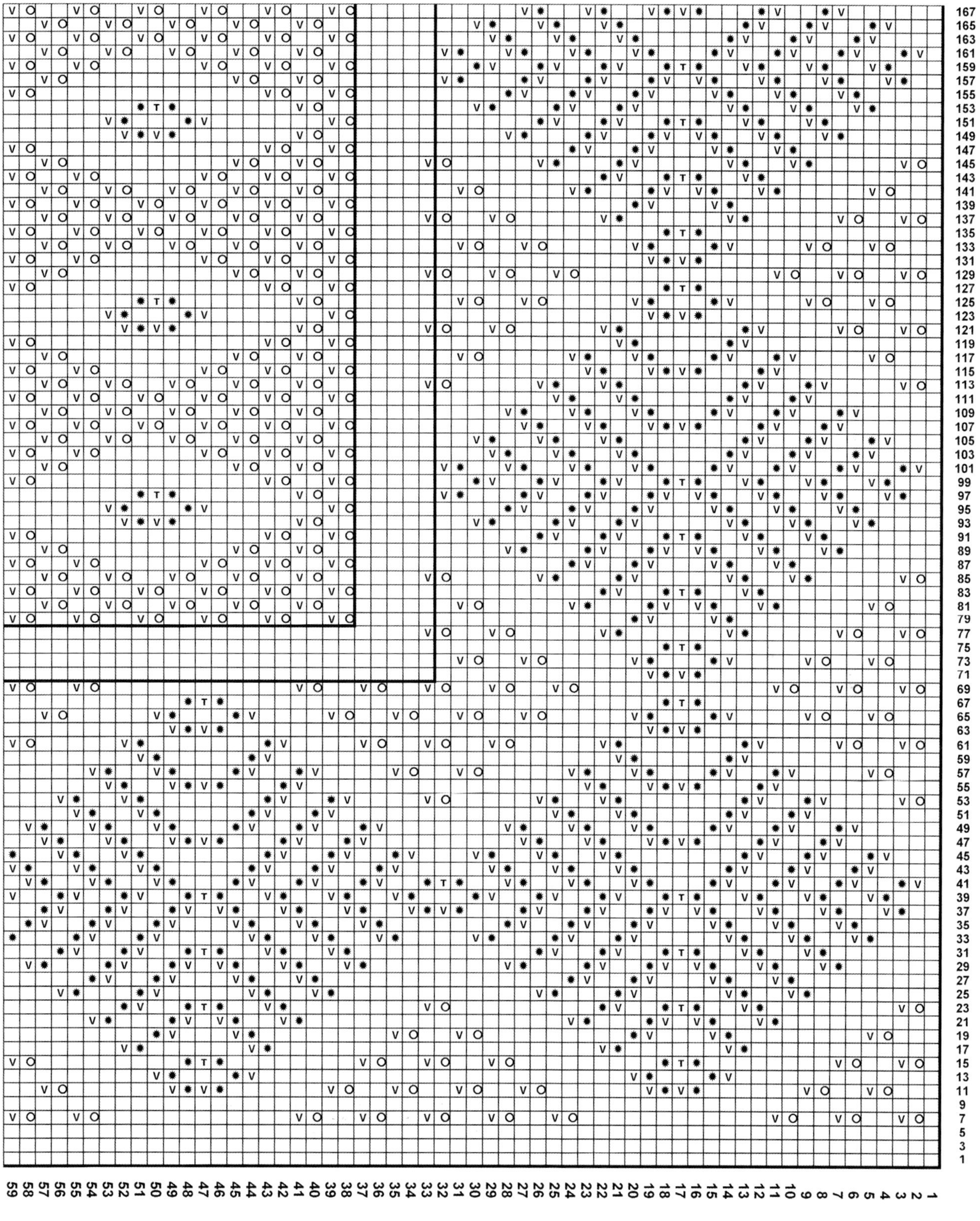

图解：披肩忠诚的朋友（第5部分）

図解：披肩忠诚的朋友（第6部分）

图解：披肩忠诚的朋友（第7部分）

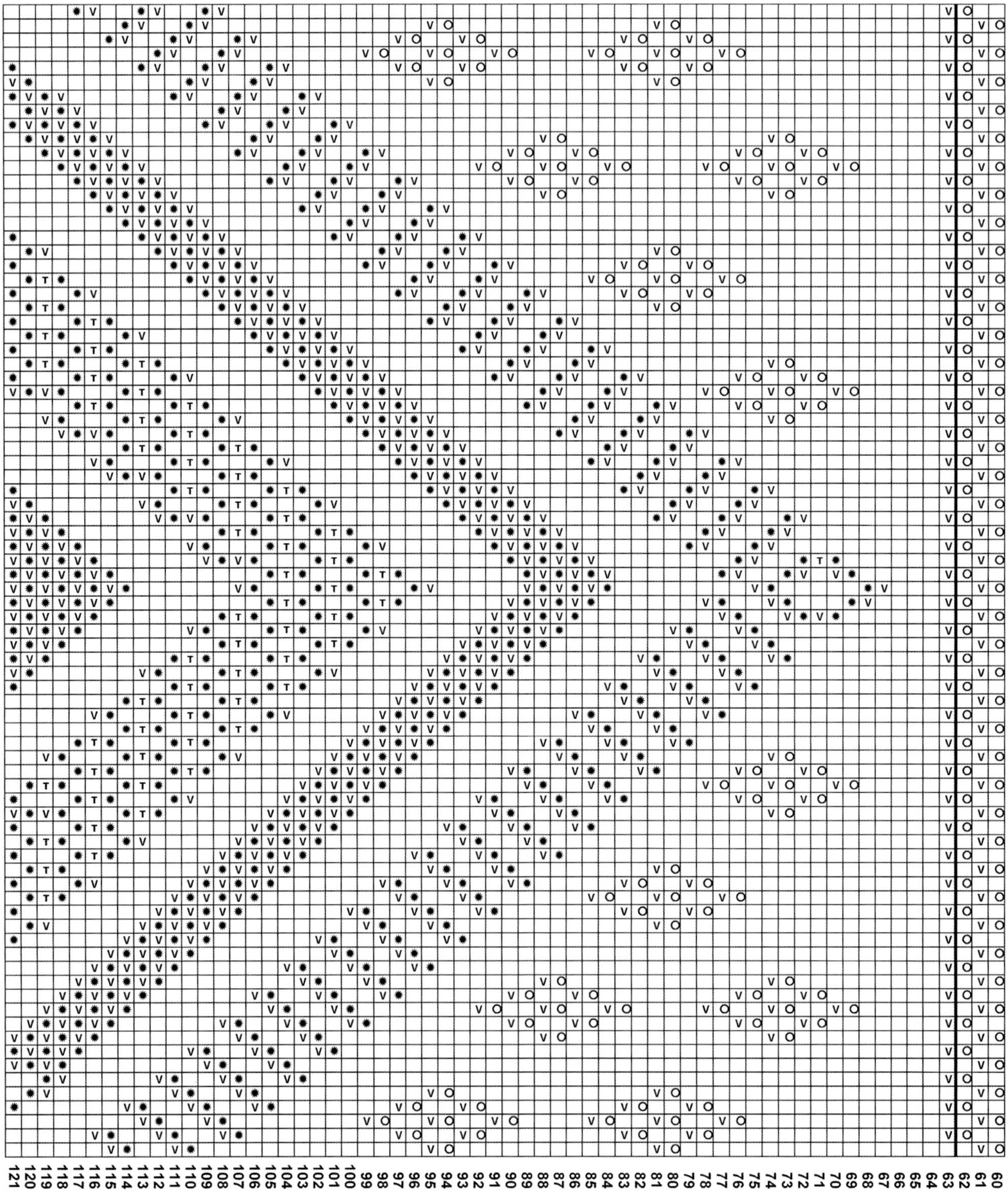

图解：披肩忠诚的朋友（第8部分）

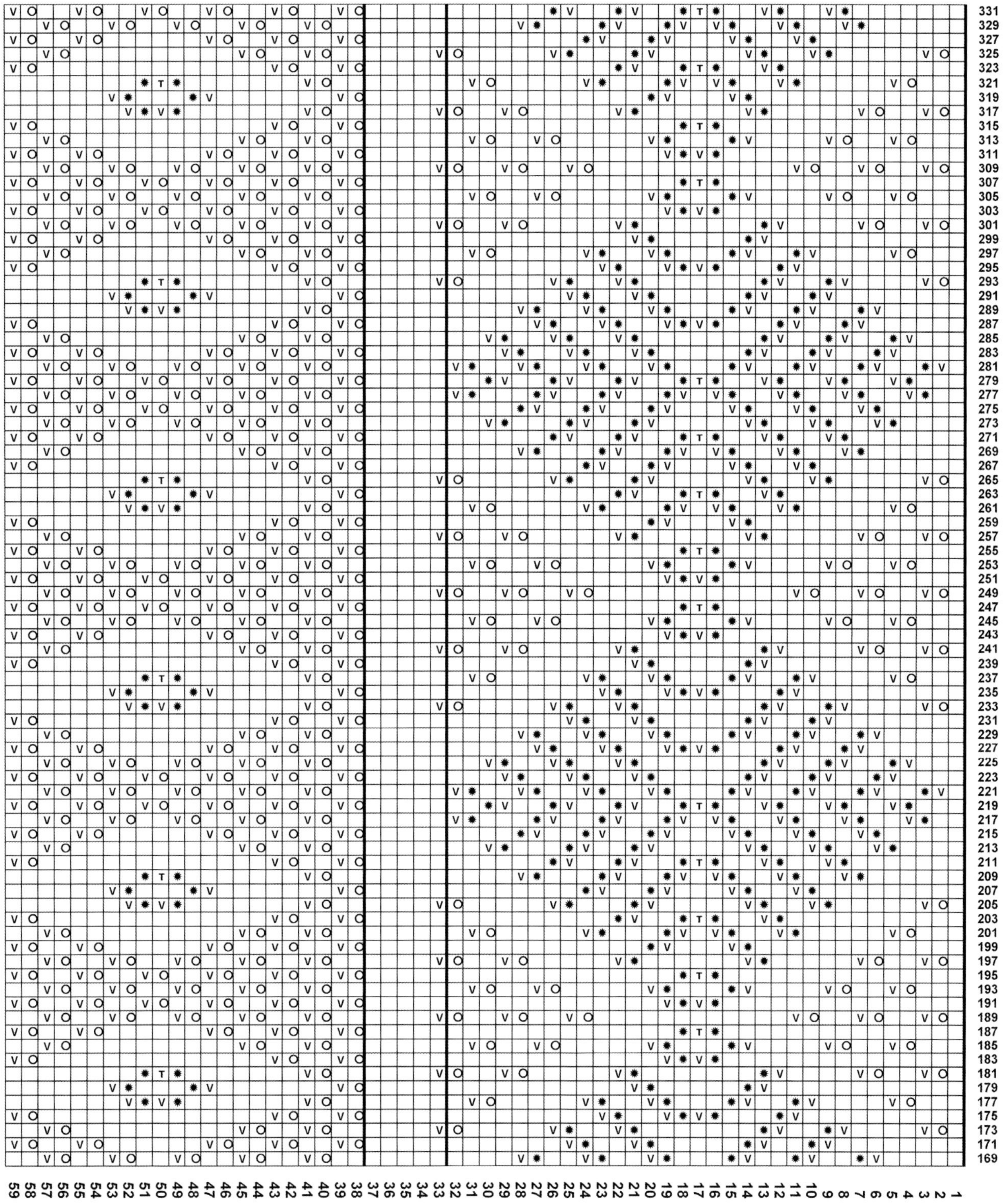

图解：披肩忠诚的朋友（第9部分）

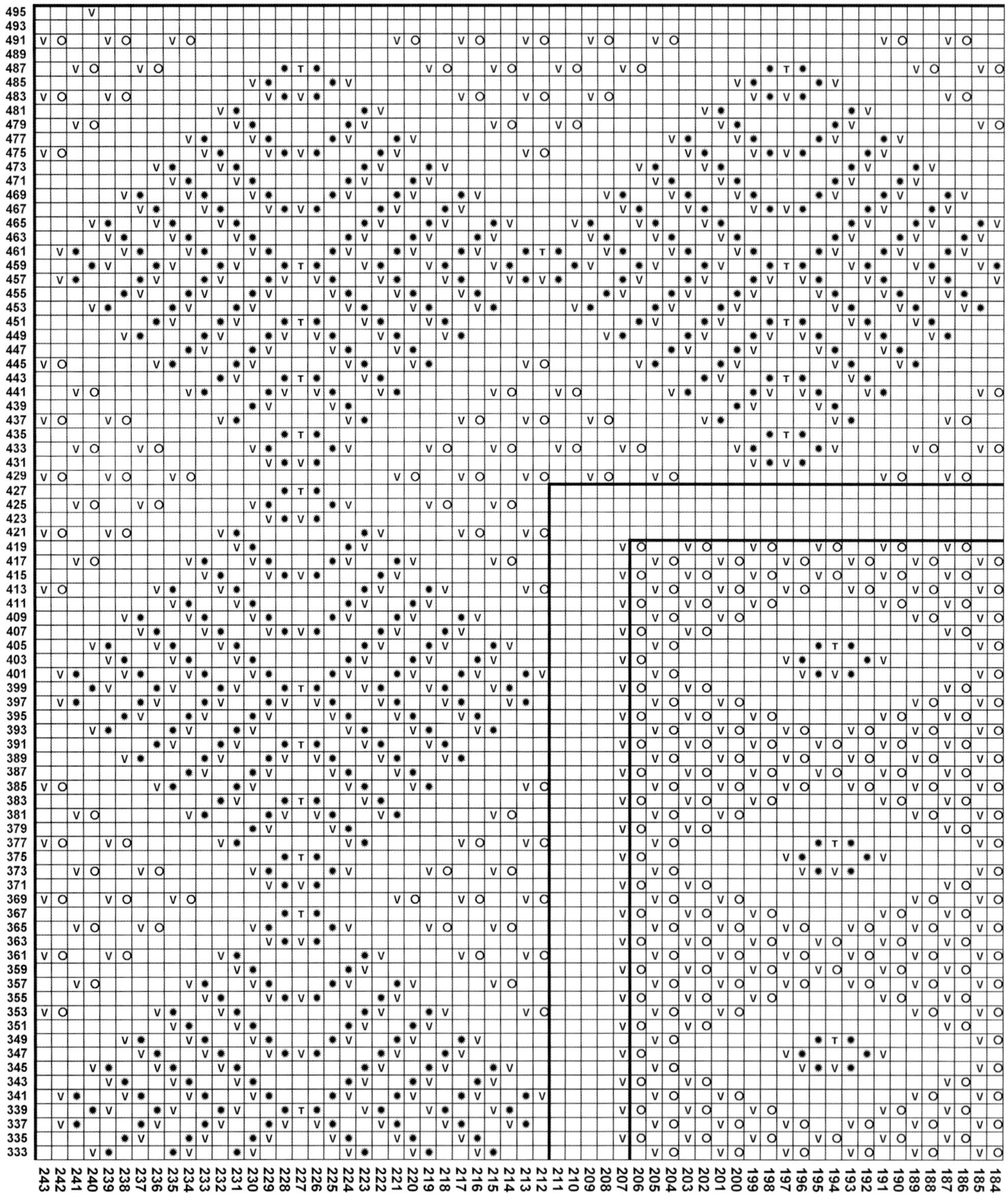

图解：披肩忠诚的朋友（第10部分）

图解：披肩忠诚的朋友（第11部分）

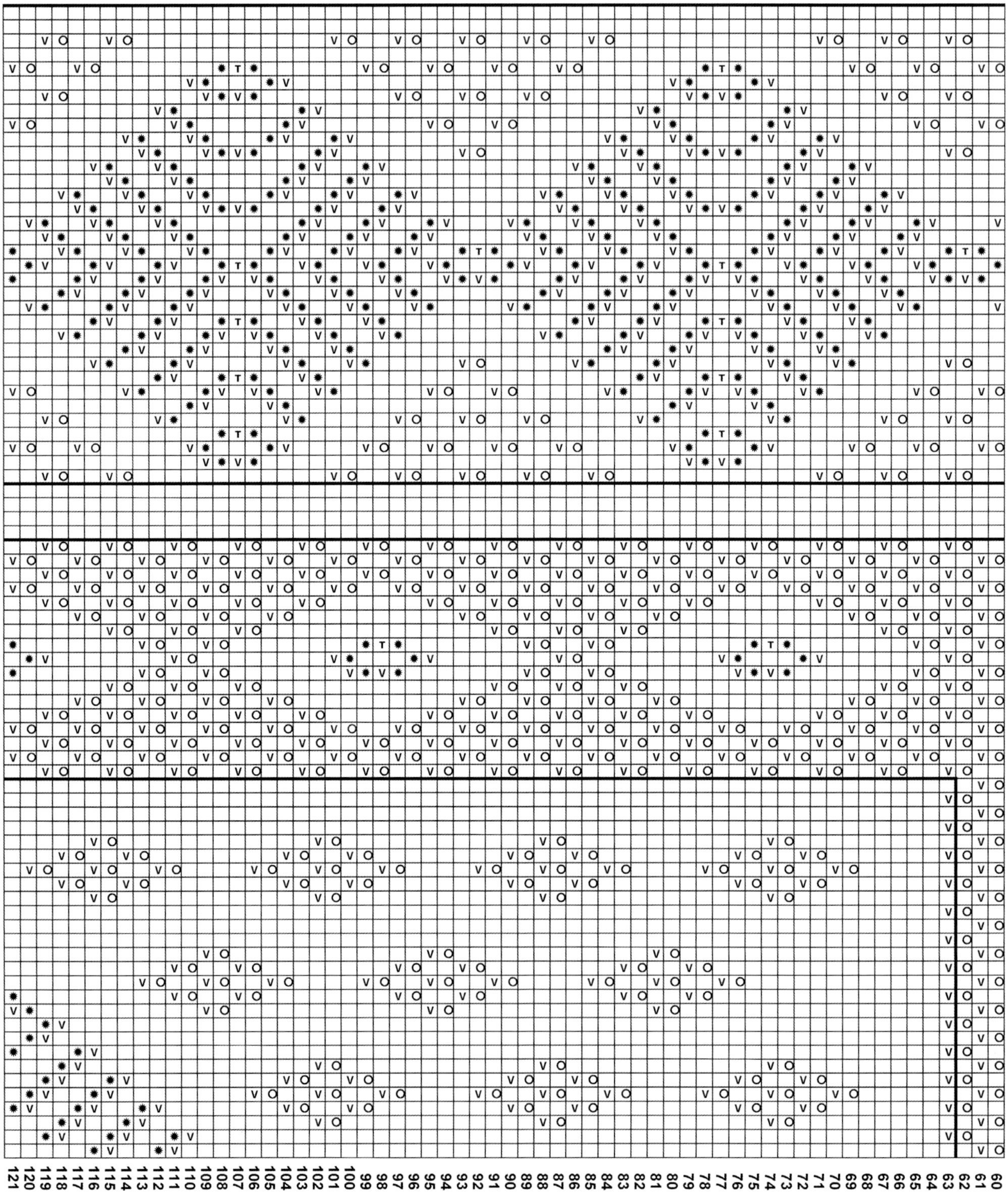

图解：披肩忠诚的朋友（第12部分）

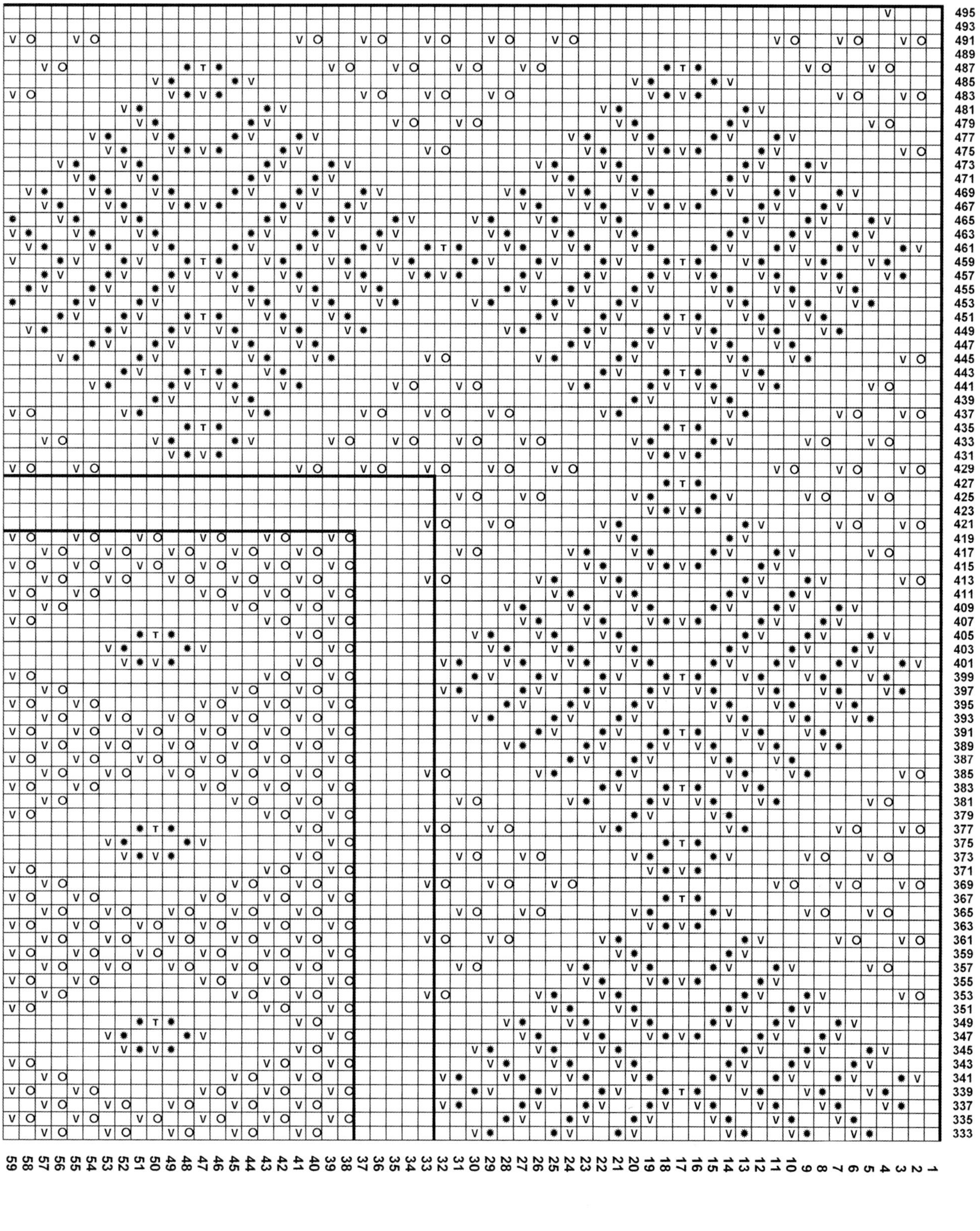

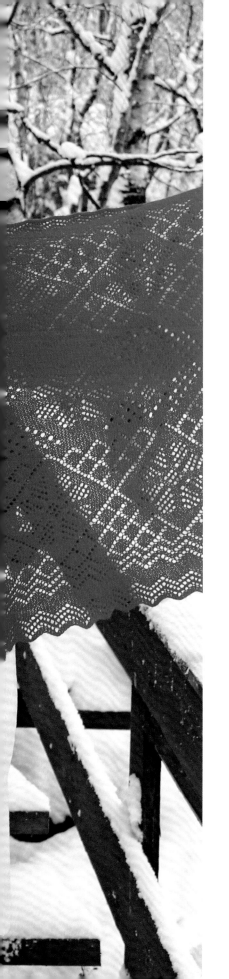

弗洛拉（长披肩）和洋甘菊

（无装饰边框和篱笆饰带的长披肩和方披肩）

本节将提供2份图解：前者可以编织成长披肩，后者可以编织成长披肩或方披肩。它们都归属于同一个披肩系列的图解——雏菊，可以设计成披肩、长披肩和头巾，但在中心织片的花样构成和作品尺寸上有所不同。

长披肩可以编织成2种版本：

- 弗洛拉：装饰边框和中心织片的主要花样为雏菊花样，点缀着豆子花样和斜线花样组成的菱形。

- 洋甘菊：中心织片为满花图案，没有装饰边框和篱笆饰带。

方披肩使用的图解版本为满花图案的中心织片，没有篱笆饰带和装饰边框。

———————

洋甘菊的图解与弗洛拉的图解区别在于洋甘菊的中心织片是满花图案，而且没有传统的篱笆饰带和装饰边框。在洋甘菊的图解中，你可以将彩色格子填充的重复单元（每5个齿状花样）多循环几次。如果你把披肩的宽度减少1个重复单元，得到的披肩就是2朵雏菊的宽度。你也可以只织1次重复单元，就能得到1条镂空花样的围巾。必要时，可以将披肩的长度增加到43个齿状花样（用较细的线材编织时）

长披肩尺寸：宽为18个齿状花样（145针），长为38个齿状花样

定型后的参考尺寸：65厘米×160厘米

方披肩洋甘菊，每边28个齿状花样

方披肩尺寸：可以为28、33、38或43个齿状花样（长和宽相同）

定型后的参考尺寸：取决于所选的线材和编织时的手劲儿松紧

你将需要

可以通过扫描二维码查看
清晰的完整图解。

- 羊毛线（美利奴）800~1000米/100克，
  长披肩用量100~150克（1300~1500
  米），方披肩（长和宽均为28个齿状花
  样）用量为200克（约1600米）
  替代线：马海毛线1000米/100克

- 棒针：2~2.5毫米棒针

左侧齿状花样图解　　　　　　　下方/右侧/上方齿状花样图解

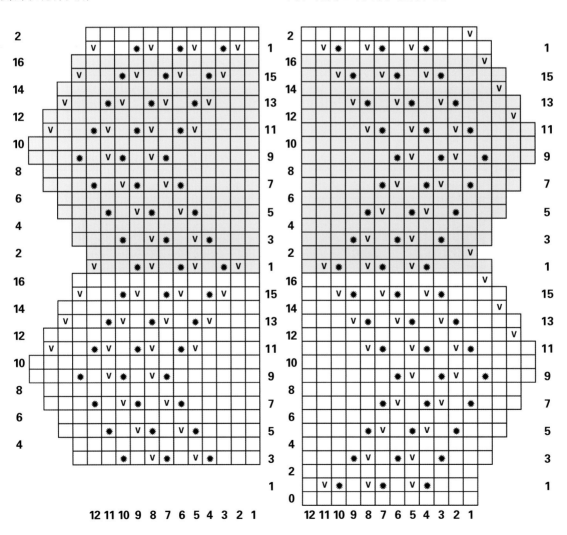

编织方法

1 编织下方齿状花边。

使用任意起针法起12针，编织第0行，然后按照图解编织下方齿状花边。

齿状花样的重复单元以黄色格子标出。

编织时：

- 长披肩：18个齿状花样
- 方披肩：28/33/38/43个齿状花样

2 为披肩主体部分挑针。

编织下一个齿状花样的第1行正面行，棒针上余13针。为披肩主体部分挑出145/225/265/305/345针。由于边针的位置少1个，所以要加1针。此时还没开始为左侧齿状花边挑针。

接下来的反面行（第2行）编织下针。不要忘了按照齿状花边的图解将行末的2针一起编织下针的2针并1针。

现在棒针上为145/225/265/305/345针主体部分、12针右侧齿状花样。

3 为左侧齿状花边挑针。

编织下一个齿状花样的第3行，然后是披肩主体部分图解的第3行，先挑出左侧齿状花样的针目，再按照左侧齿状花样图解的第3行编织花样（见107页第3步）。

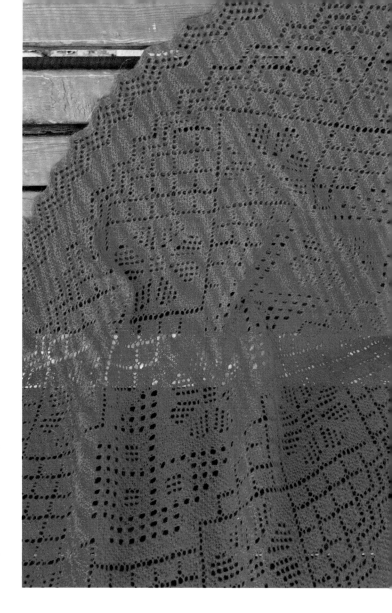

现在披肩的所有针目已完成起针：13针左侧齿状花样，145/225/265/305/345针主体部分，13针右侧齿状花样。共171/251/291/331/371针。

反面行编织下针。

4 按照披肩图解继续编织。

5 编织上方齿状花边（见110页第5步），完成披肩（见111页第6步）。

6 为完成的披肩定型（见118页）。

图解：长披肩弗洛拉（第1部分）

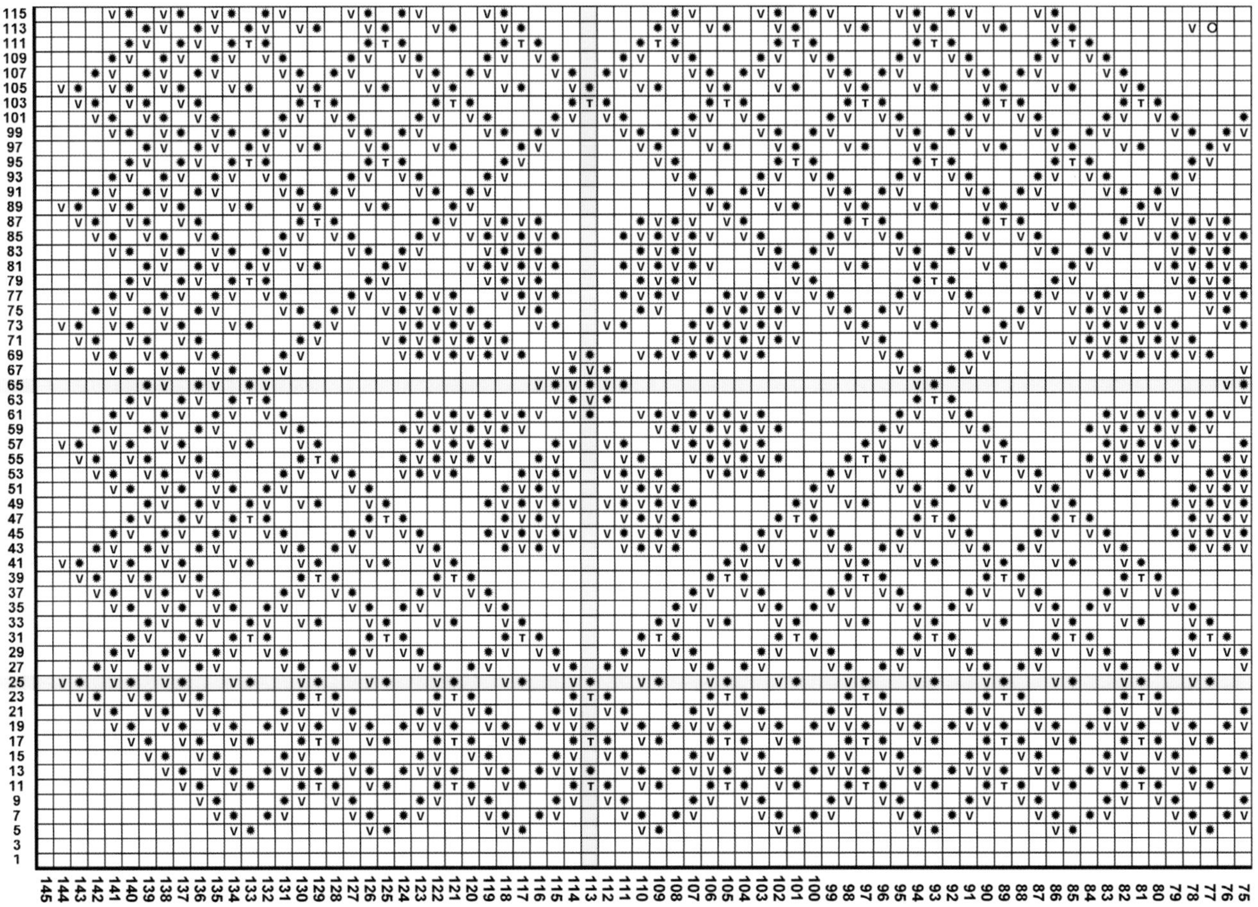

图解：长披肩弗洛拉（第2部分）

图解：长披肩弗洛拉（第3部分）

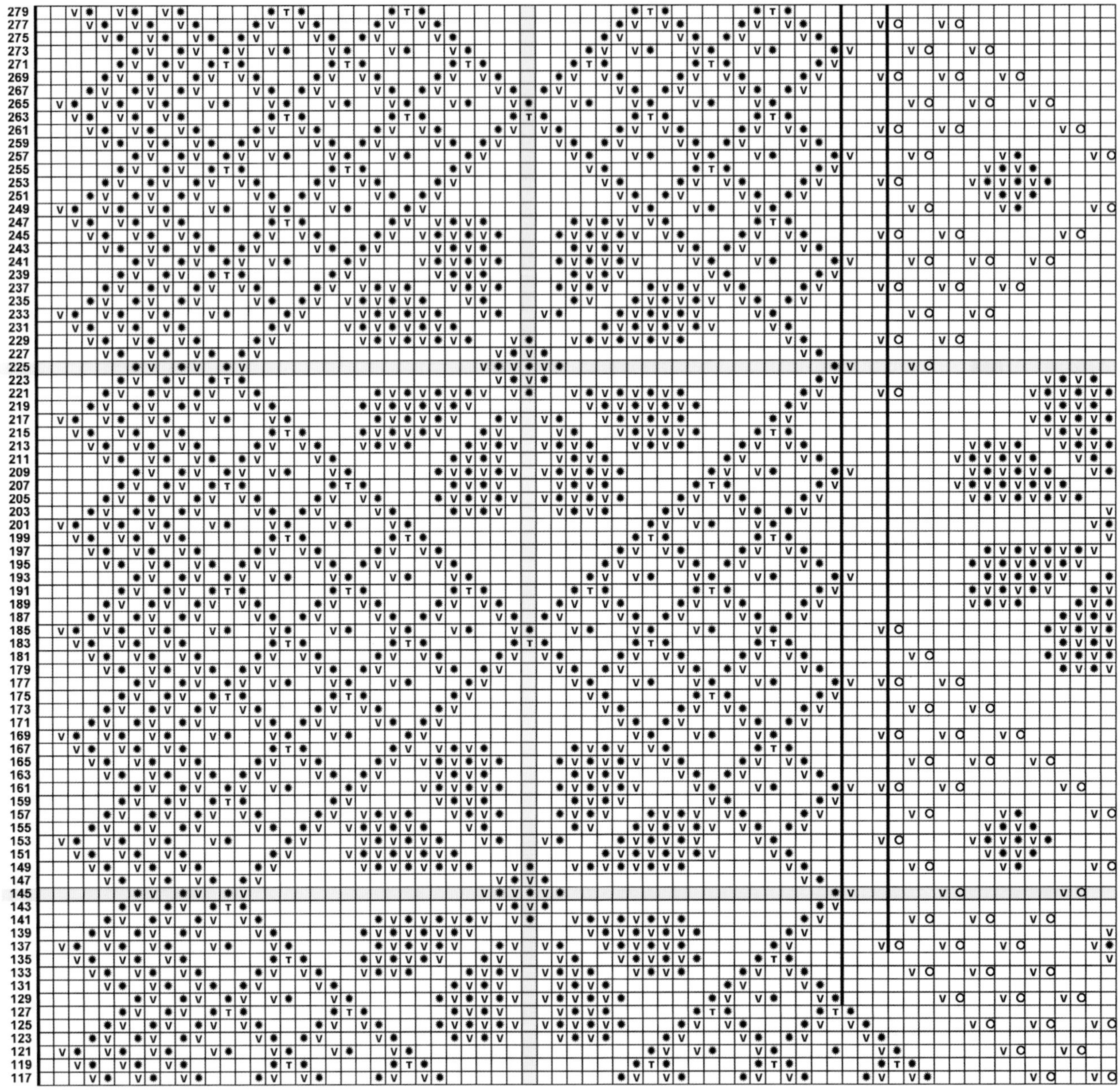

图解：长披肩弗洛拉（第4部分）

图解：长披肩弗洛拉（第5部分）

图解：长披肩弗洛拉（第6部分）

图解：长披肩弗洛拉（第7部分）

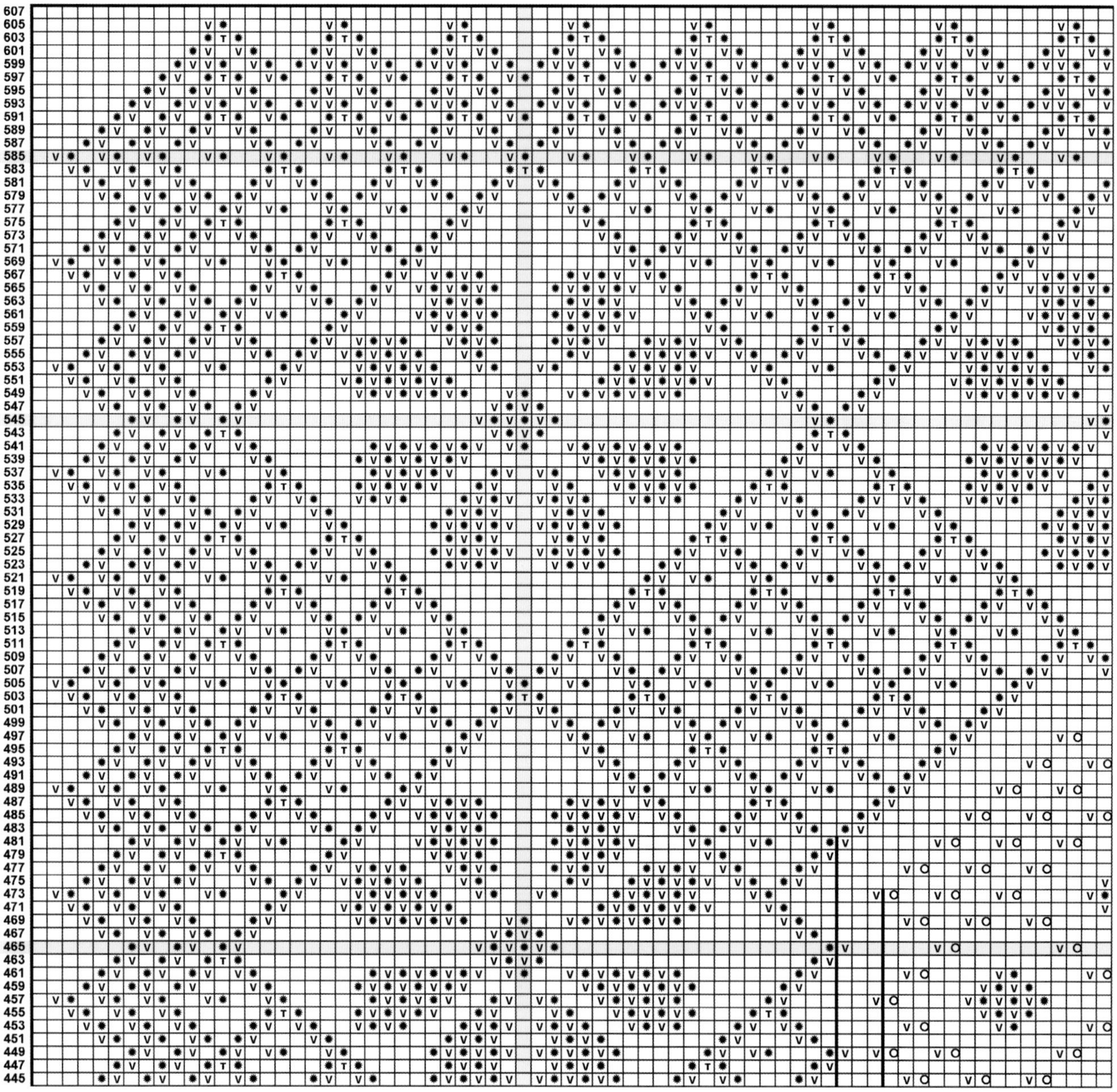

图解：长披肩弗洛拉（第8部分）

洋甘菊长披肩和方披肩的图解

中心织片的重复单元为：

- 长披肩（宽为18个齿状花样，长为38个齿状花样）：宽重复2次，长重复6次
- 方披肩（28/33/38/43个齿状花样）：宽及长重复4/5/6/7次

204~207页图解中的齿状花样是"被折叠"的版本，因为图解只显示了正面行，要按照完整的齿状花边图解来编织（注意反面行的编织方法）。

可以通过扫描二维码查看清晰的完整图解。

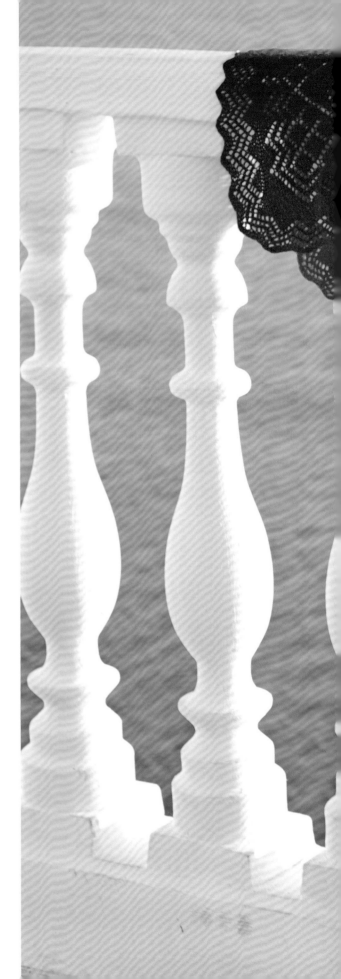

图解：长披肩及方披肩洋甘菊（第1部分）

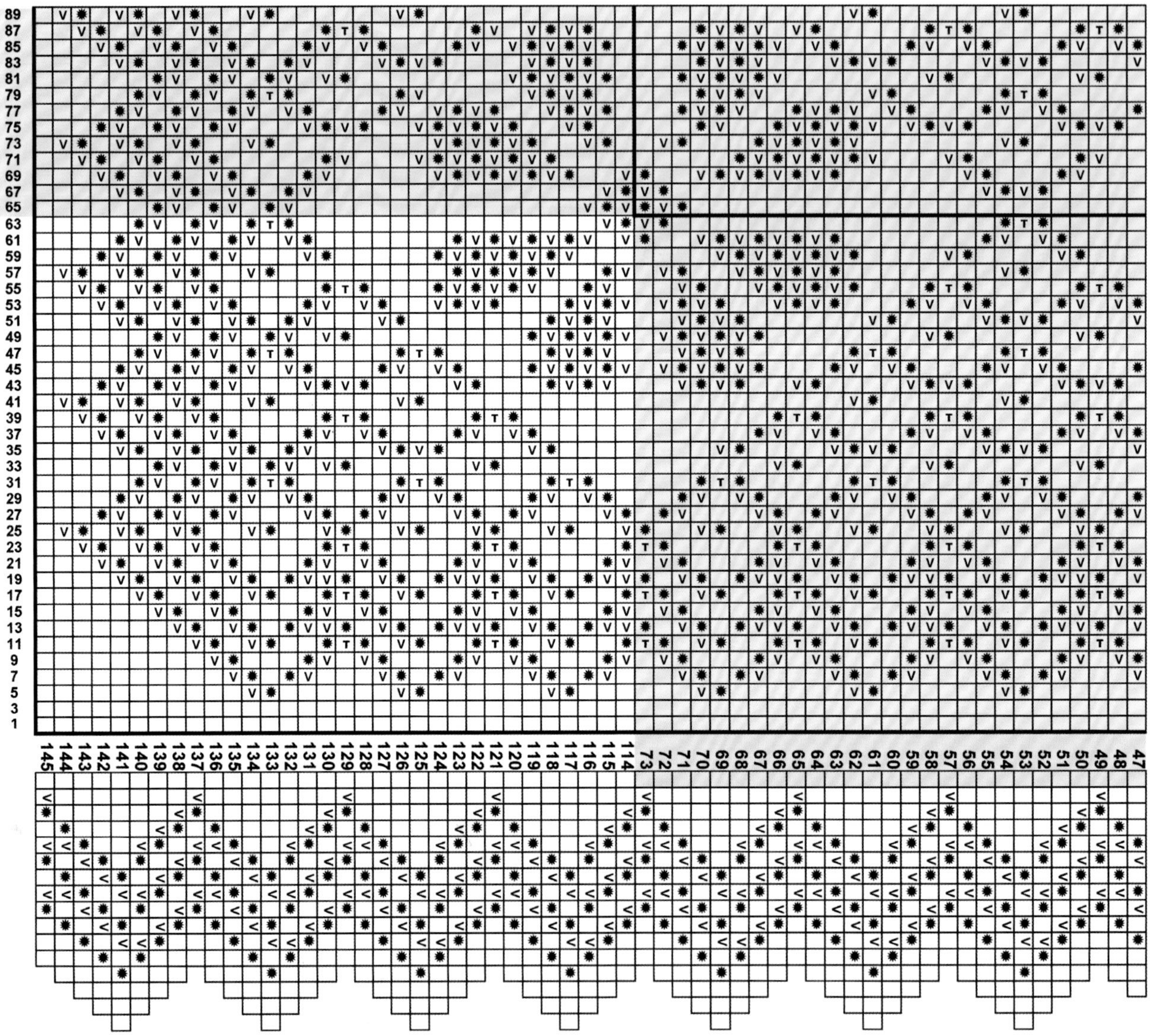

图解：长披肩及方披肩洋甘菊（第2部分）

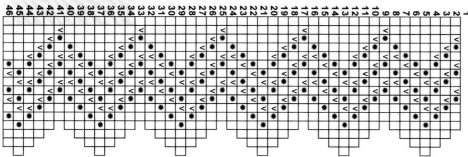

图解：长披肩及方披肩洋甘菊（第3部分）

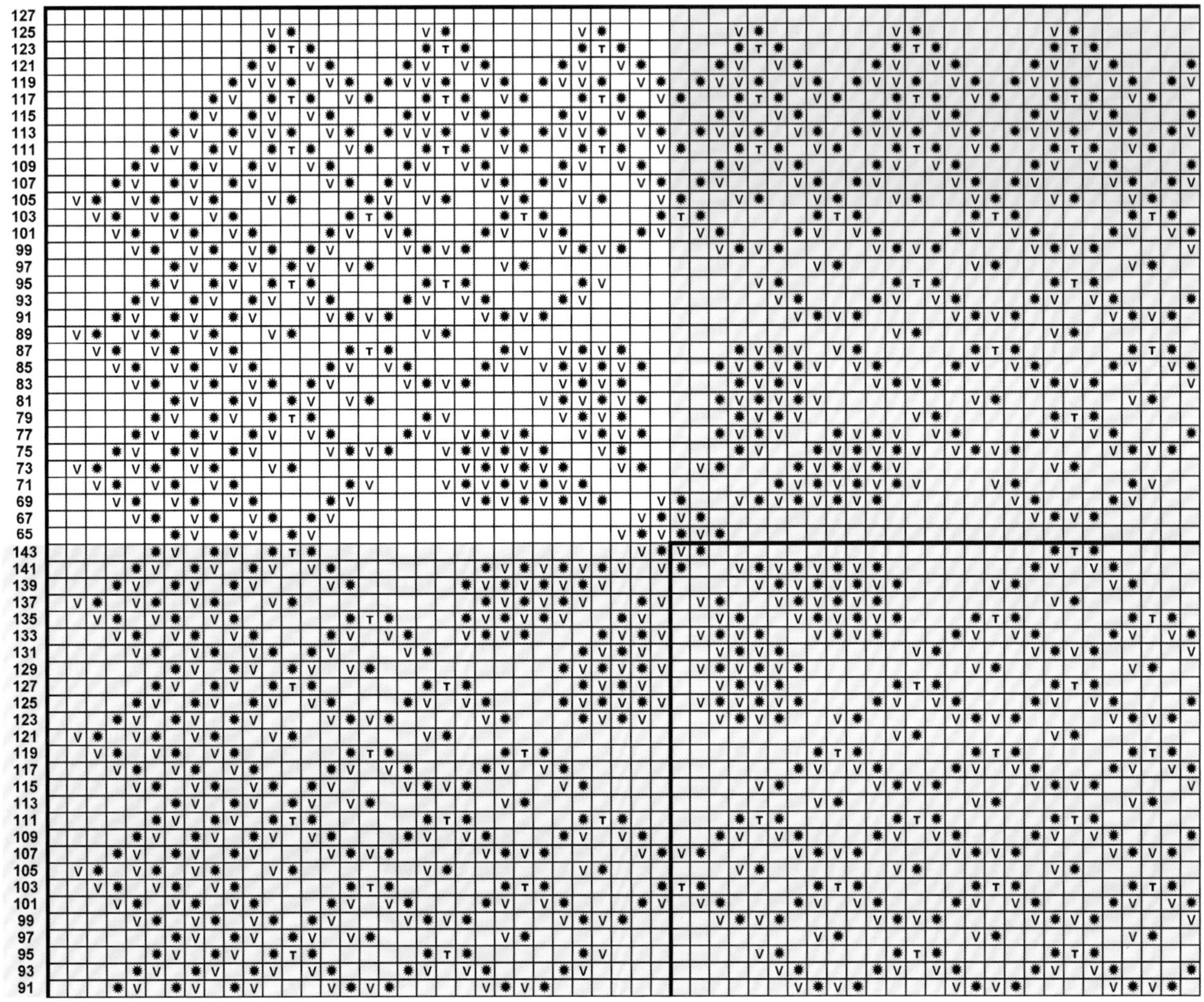

图解：长披肩及方披肩洋甘菊（第4部分）

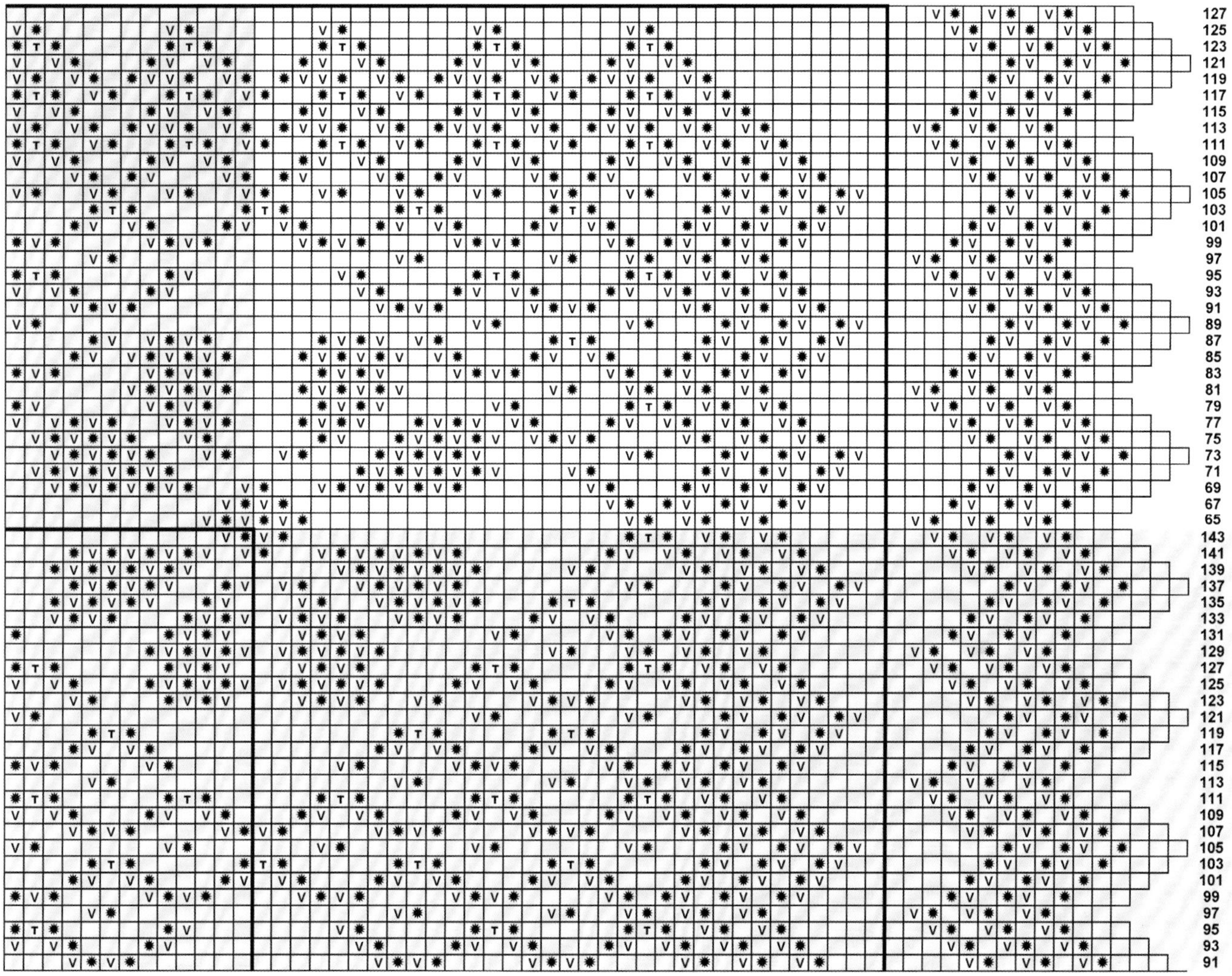

波斯菊
（长披肩）

这款长披肩由豆子花样组成，织物上没有花样的部分形成了花朵的轮廓。中间镂空的小花朵形状由蜂巢花样组成。

长披肩尺寸：宽为16个齿状花样（129针），长为26个齿状花样

定型后的参考尺寸：75厘米×140厘米

图解可以按标成黄色的重复
单元来循环编织，左侧这款
长度为36个齿状花样。宽度
的针数则不允许修改

长披肩尺寸：宽为16个齿状花样，长为36个齿状花样

你将需要

- 马海毛线1000米/100克
  宽16个齿状花样、长26个齿状花样的长披肩：用量90克（900米）
  宽16个齿状花样、长36个齿状花样的长披肩：用量130克（1300米）

- 棒针：2.5毫米棒针

这条长披肩我选择的线材品牌为Linea Piu的Camelot（67%马海毛，30%锦纶，3%羊毛）

可以通过扫描二维码查看清晰的完整图解（此为宽16个齿状花样、长26个齿状花样的长披肩图解）。

编织方法

1 编织下方齿状花边。

使用任意起针法起8针，编织第0行，然后按照图解编织下方齿状花边。

齿状花样的重复单元以黄色格子标出。

共编织16个齿状花样。

左侧齿状花样图解

下方/右侧/上方齿状花样图解

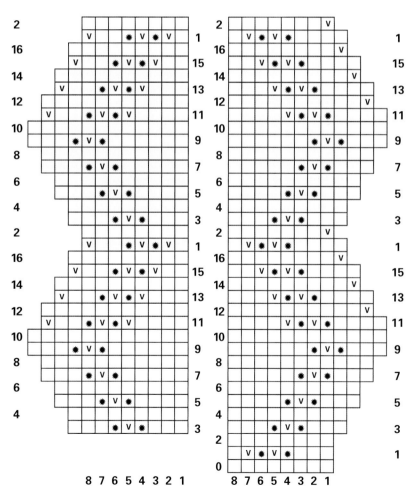

2 为披肩主体部分挑针。

编织下一个齿状花样的第1行正面行，棒针上余9针。为披肩主体部分挑出129针。由于边针的位置少1个，所以要加1针。此时还没开始为左侧齿状花边挑针。

接下来的反面行（第2行）编织下针。不要忘了按照齿状花边的图解将行末的2针一起编织下针的2针并1针。

现在棒针上为129针主体部分、8针右侧齿状花样。

3 为左侧齿状花边挑针。

编织下一个齿状花样的第3行，然后是披肩主体部分图解的第3行，先挑出左侧齿状花样的针目，再按照左侧齿状花样图解的第3行编织花样（见107页第3步）。

现在披肩的所有针目已完成起针：9针左侧齿状花样，129针主体部分，9针右侧齿状花样。共147针。

反面行编织下针。

4 按照披肩图解继续编织。

中心织片的重复单元循环次数，可以按长度分为：

- 26个齿状花样作品：1次
- 36个齿状花样作品：2次

5 完成长披肩（见110页第5步和111页第6步）。为完成的披肩定型（见118页）。

212

图解：长披肩波斯菊（第1部分）

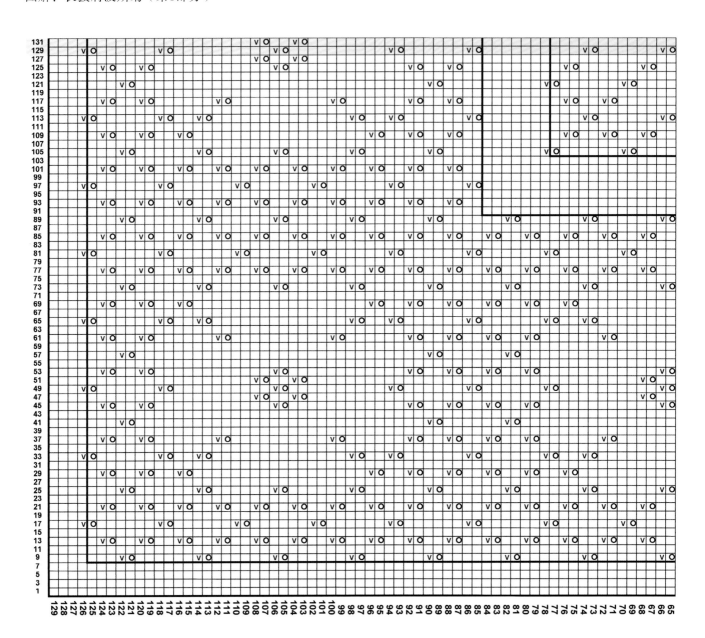

图解：长披肩波斯菊（第2部分）

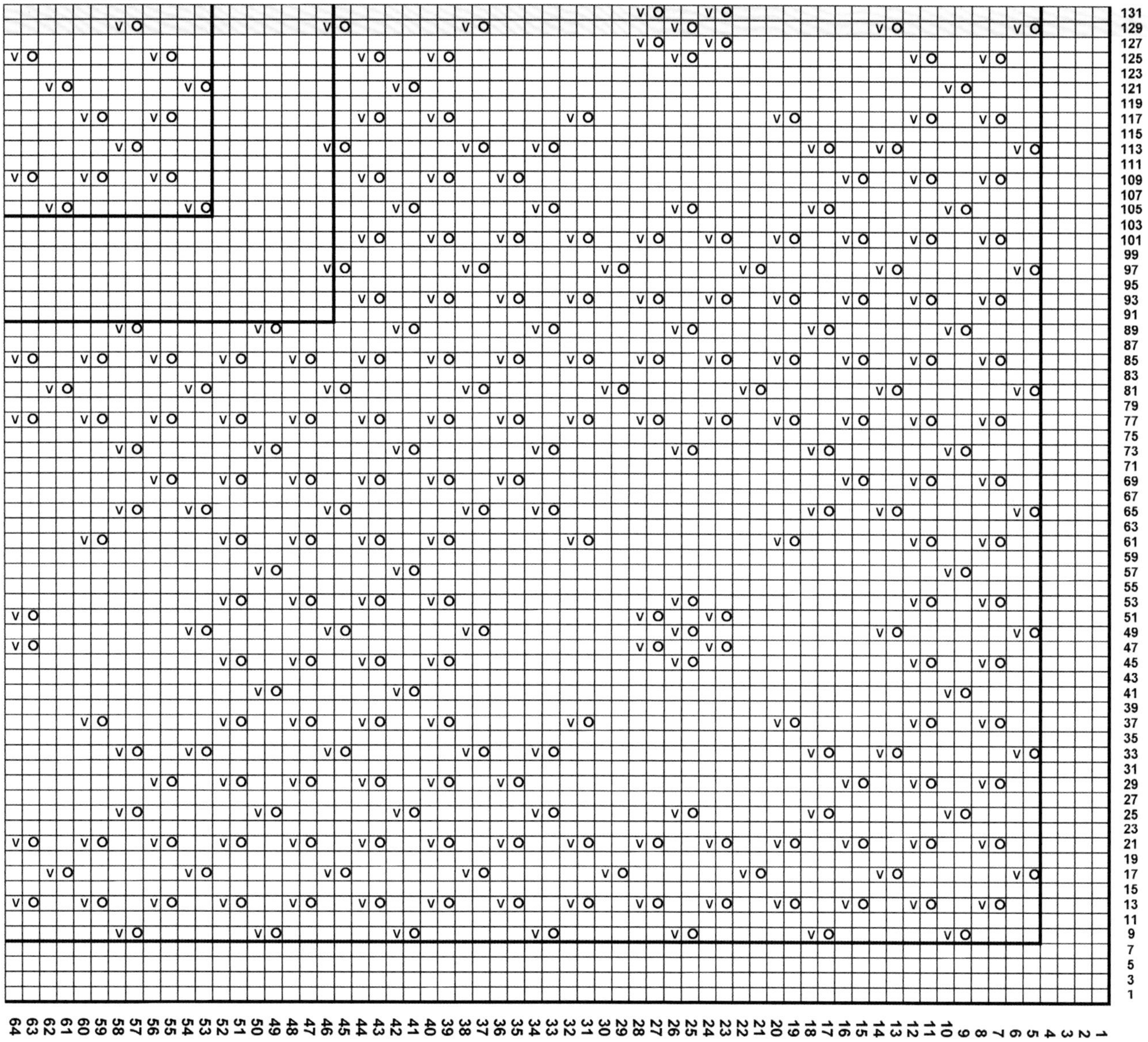

图解：长披肩波斯菊（第3部分）

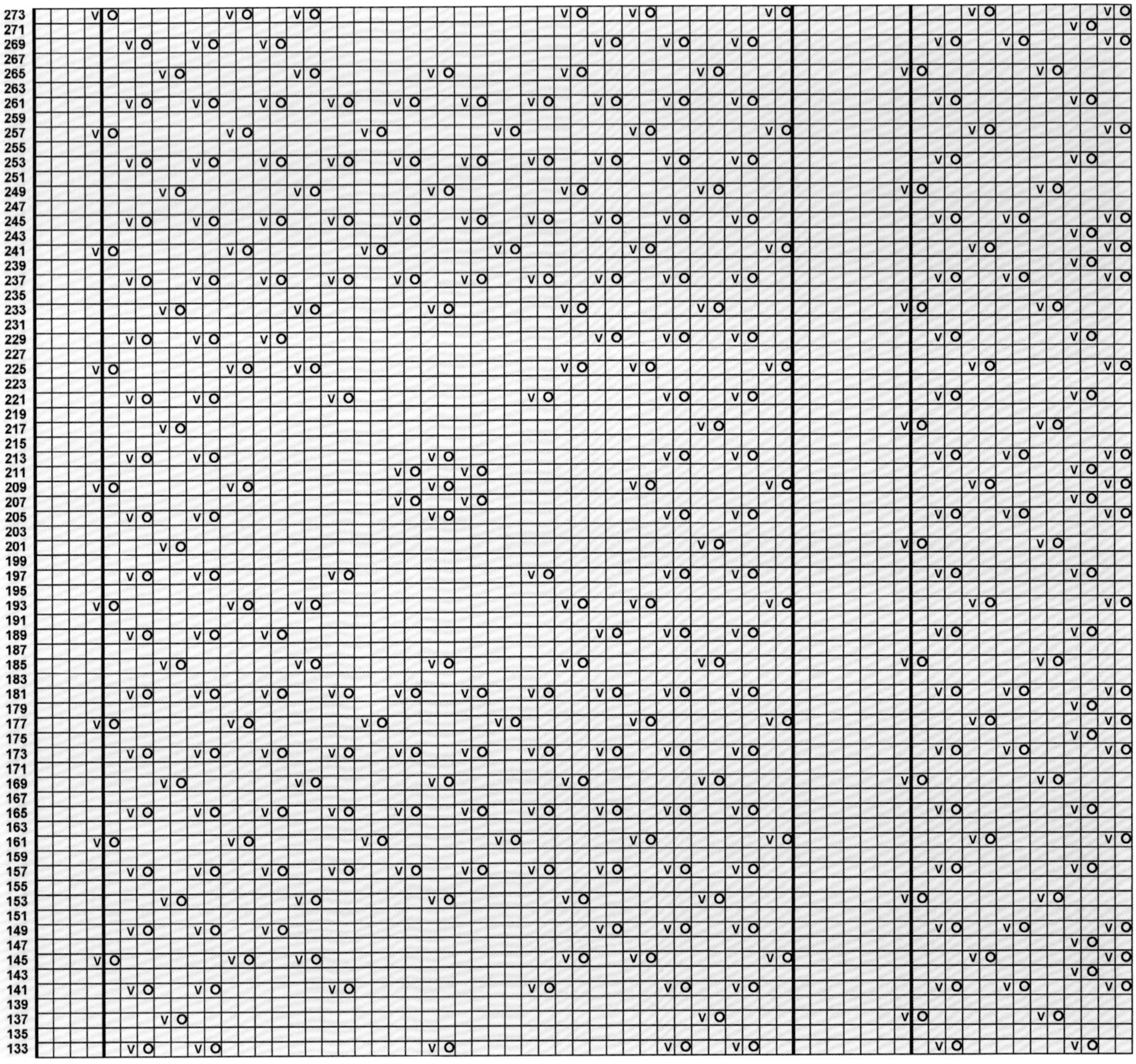

图解：长披肩波斯菊（第4部分）

图解：长披肩波斯菊（第5部分）

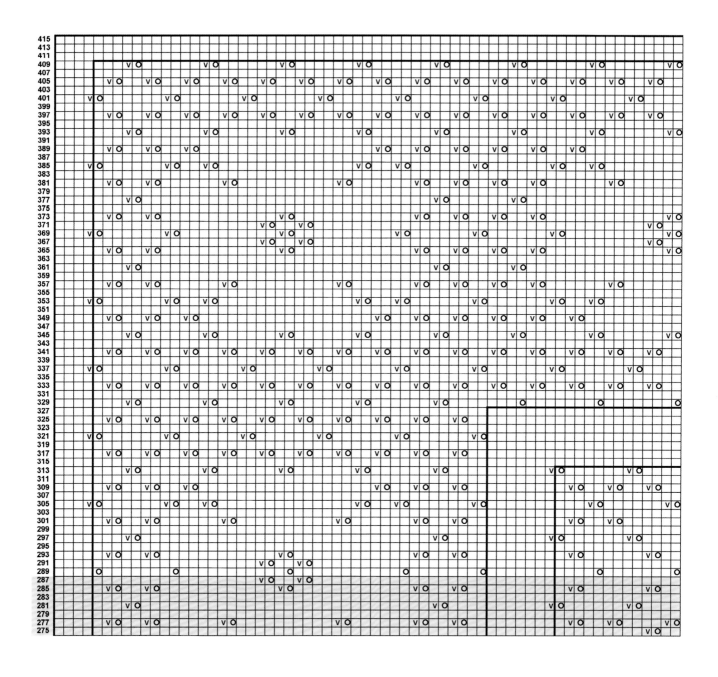

图解：长披肩波斯菊（第6部分）

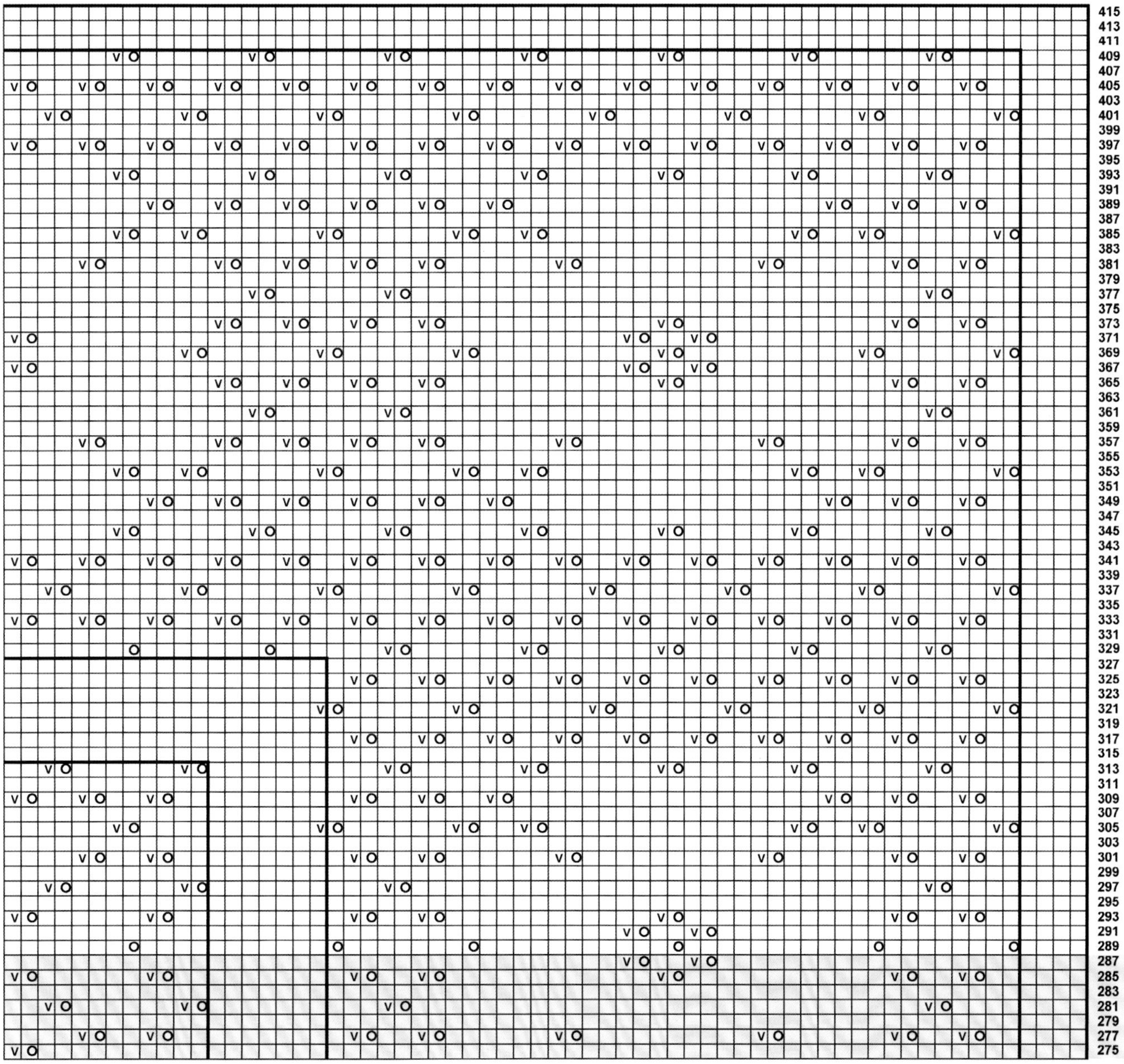

凤凰
（中心织片为满花图案的披肩）

这条披肩是我为了纪念母亲而编织的。披肩由经典的结构组成：满花图案的中心织片由豆子和浆果花样组成的格子花样填充，装饰边框是豆子花样组成的雪花花样，篱笆饰带的镂空花样柔美飘逸。

披肩尺寸：每行265针，不计齿状花样的针数（宽和长均为33个齿状花样）

定型后的参考尺寸：135厘米×135厘米

你将需要

- 马海毛线1500米/100克，140~150克（2100~2250米）

- 棒针：2毫米棒针

这条披肩我选择了Filpucci Kiddest品牌的马海毛线（58%马海毛，37%锦纶，5%羊毛）

披肩的图解按以下顺序分区：

第9部分	第10部分	第11部分	第12部分
第5部分	第6部分	第7部分	第8部分
第1部分	第2部分	第3部分	第4部分

这个结构可以编织出一系列的披肩，可以编织成方披肩、长披肩、三角披肩。书中只包含了方披肩的图解

可以通过扫描二维码查看清晰的完整图解。

编织方法

1 编织下方齿状花边。

使用任意起针法起14针，编织第0行，然后按照图解编织下方齿状花边。

齿状花样的重复单元以黄色格子标出。

共编织33个齿状花样。

2 为披肩主体部分挑针。

编织下一个齿状花样的第1行正面行，棒针上余15针。为披肩主体部分挑出265针。由于边针的位置少1个，所以要加1针。此时还没开始为左侧齿状花边挑针。

接下来的反面行（第2行）编织下针。不要忘了按照齿状花边的图解将行末的2针一起编织下针的2针并1针。

现在棒针上为265针主体部分、14针右侧齿状花样。

左侧齿状花样图解 下方/右侧/上方齿状花样图解

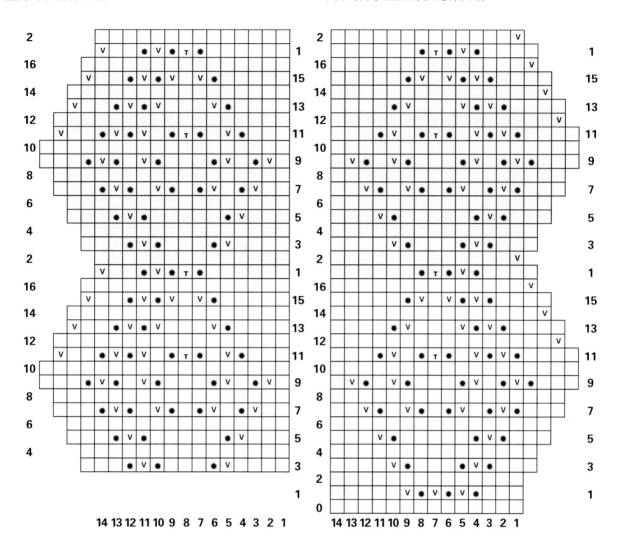

3 为左侧齿状花边挑针。

编织下一个齿状花样的第3行，然后是披肩主体部分图解的第3行，先挑出左侧齿状花样的针目，再按照左侧齿状花样图解的第3行编织花样（见107页第3步）。

现在披肩的所有针目已完成起针：15针左侧齿状花样，265针主体部分，15针右侧齿状花样。共295针。

反面行编织下针。

4 按照披肩图解继续编织，完成披肩（见110页第5步和111页第6步）。

5 为完成的披肩定型（见118页）。

这份图解无法减针和加针，因为重复单元已固定，无法匹配

图解：披肩凤凰（第1部分）

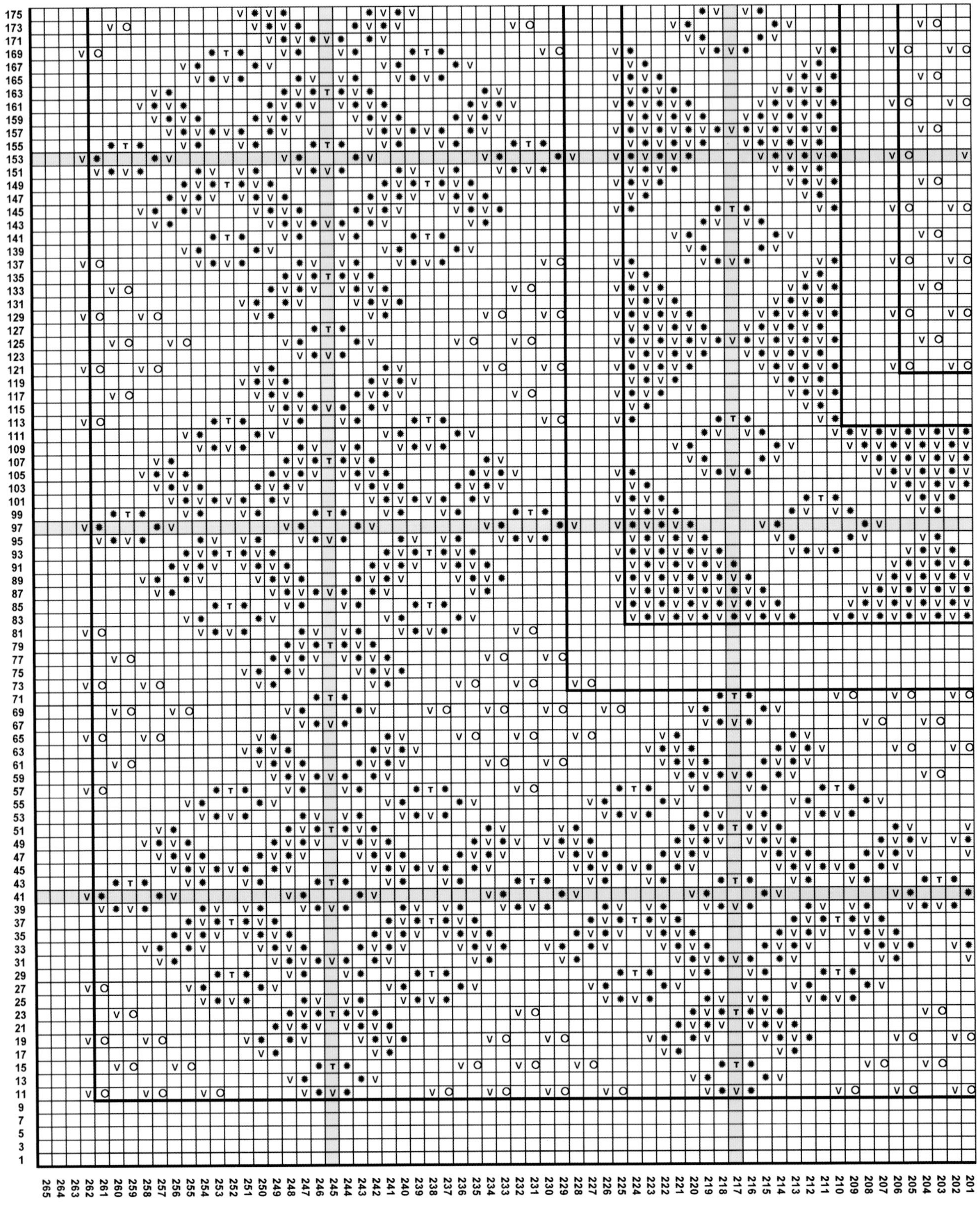

图解：披肩凤凰（第2部分）

图解：披肩凤凰（第3部分）

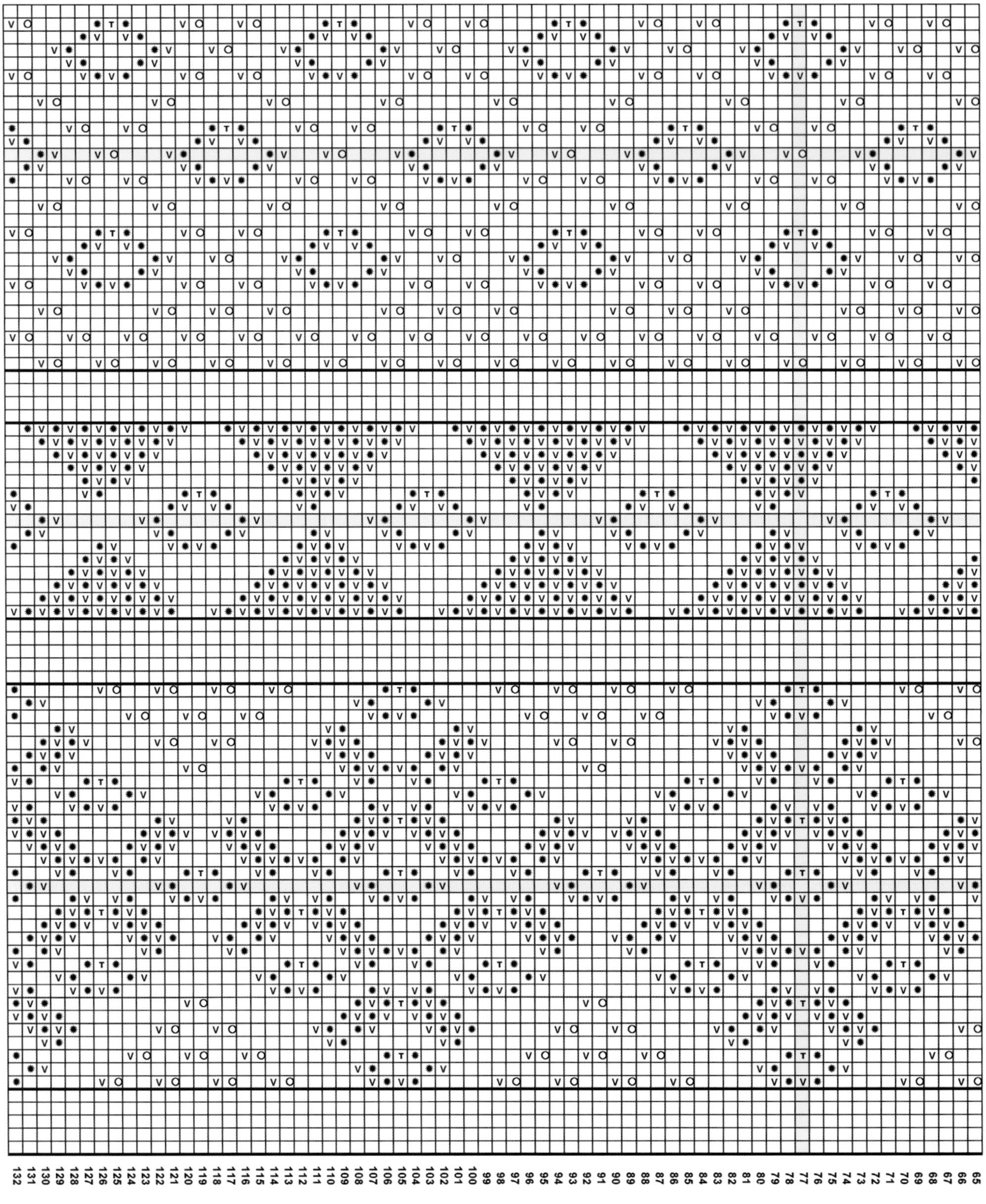

图解：披肩凤凰（第4部分）

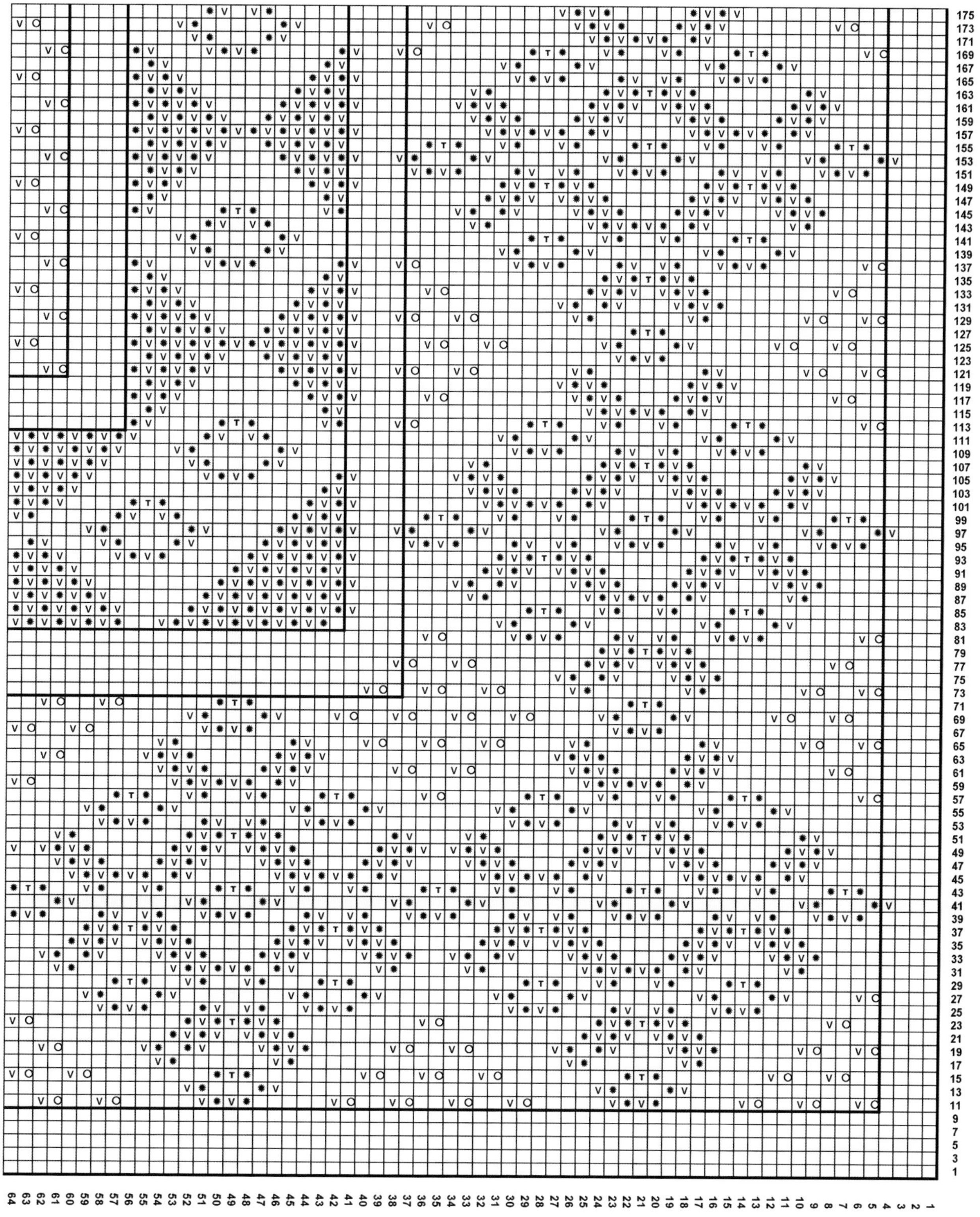

图解：披肩凤凰（第5部分）

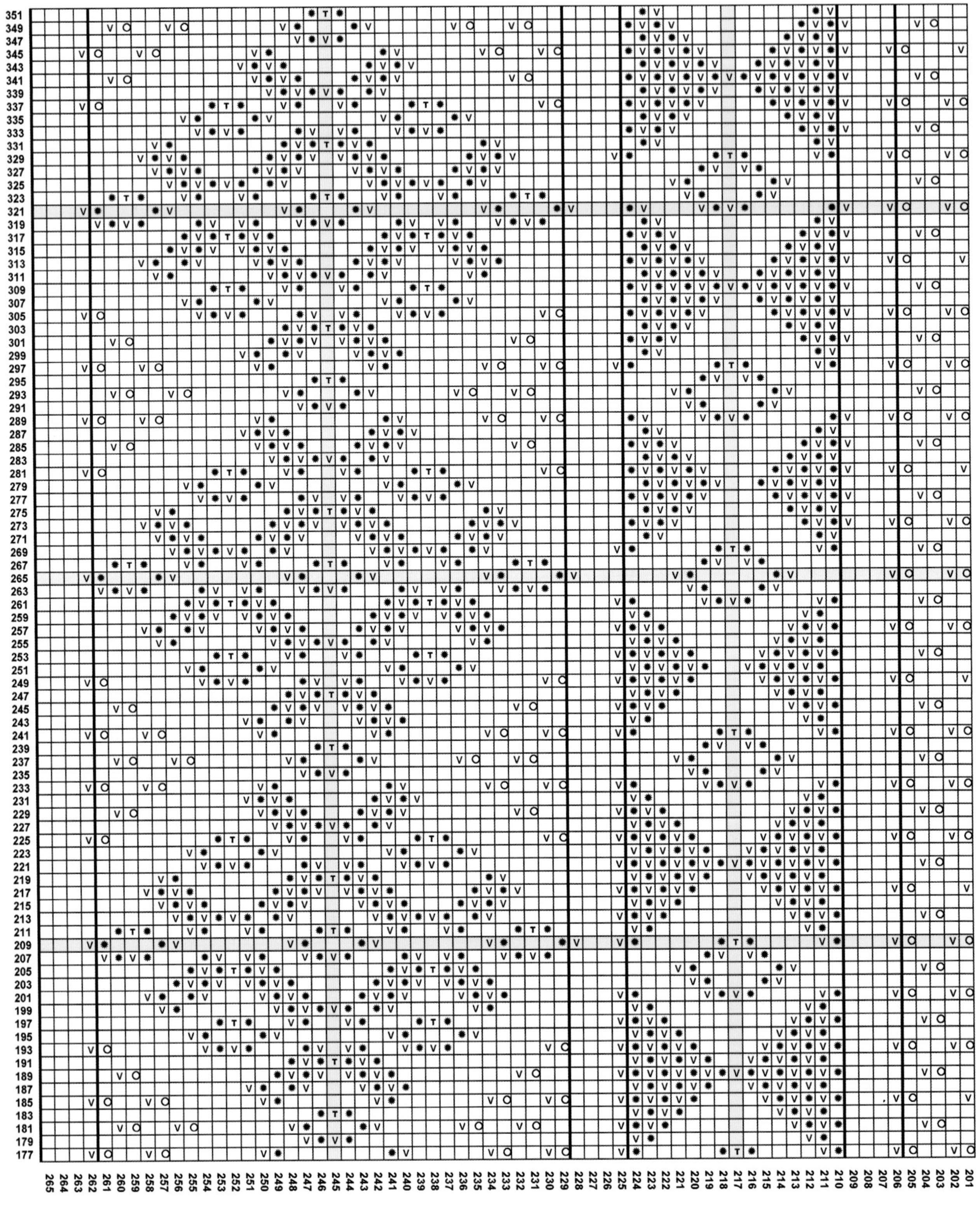

图解：披肩凤凰（第6部分）

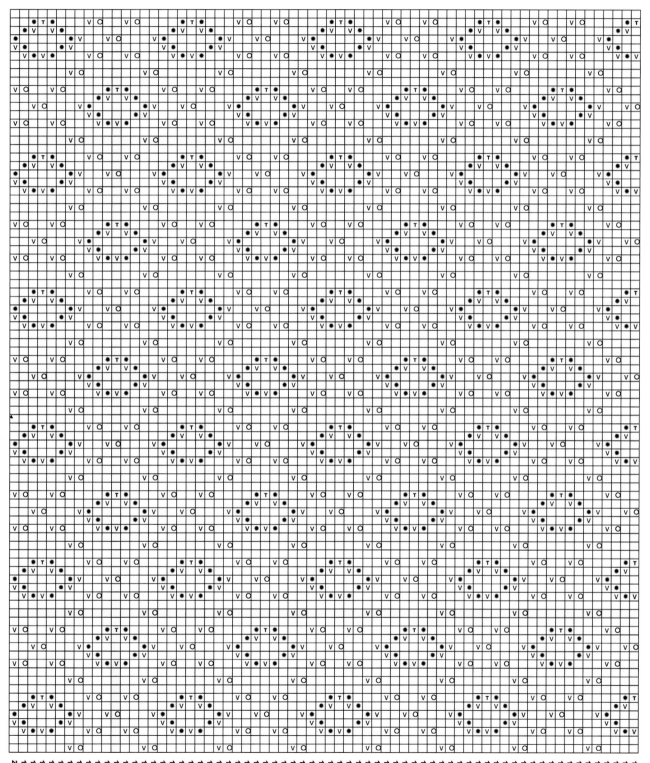

图解：披肩凤凰（第7部分）

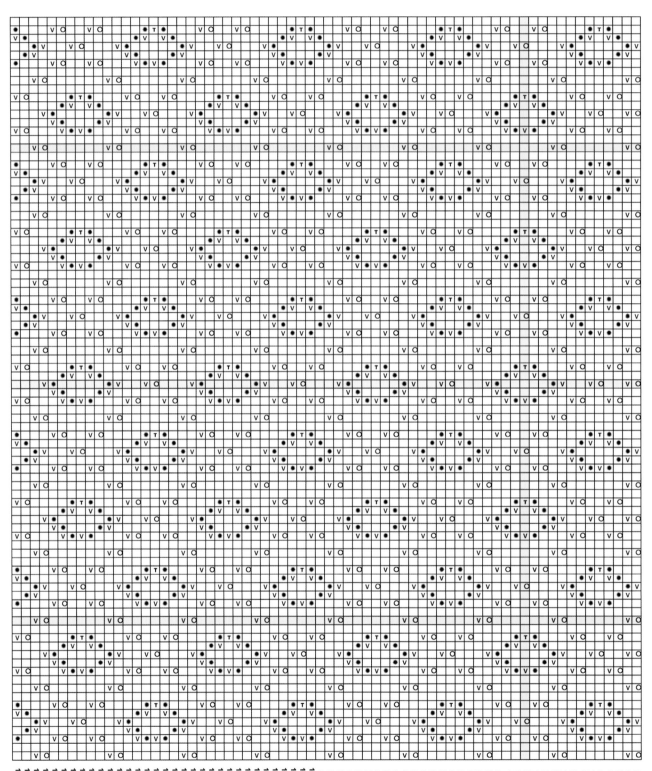

图解：披肩凤凰（第8部分）

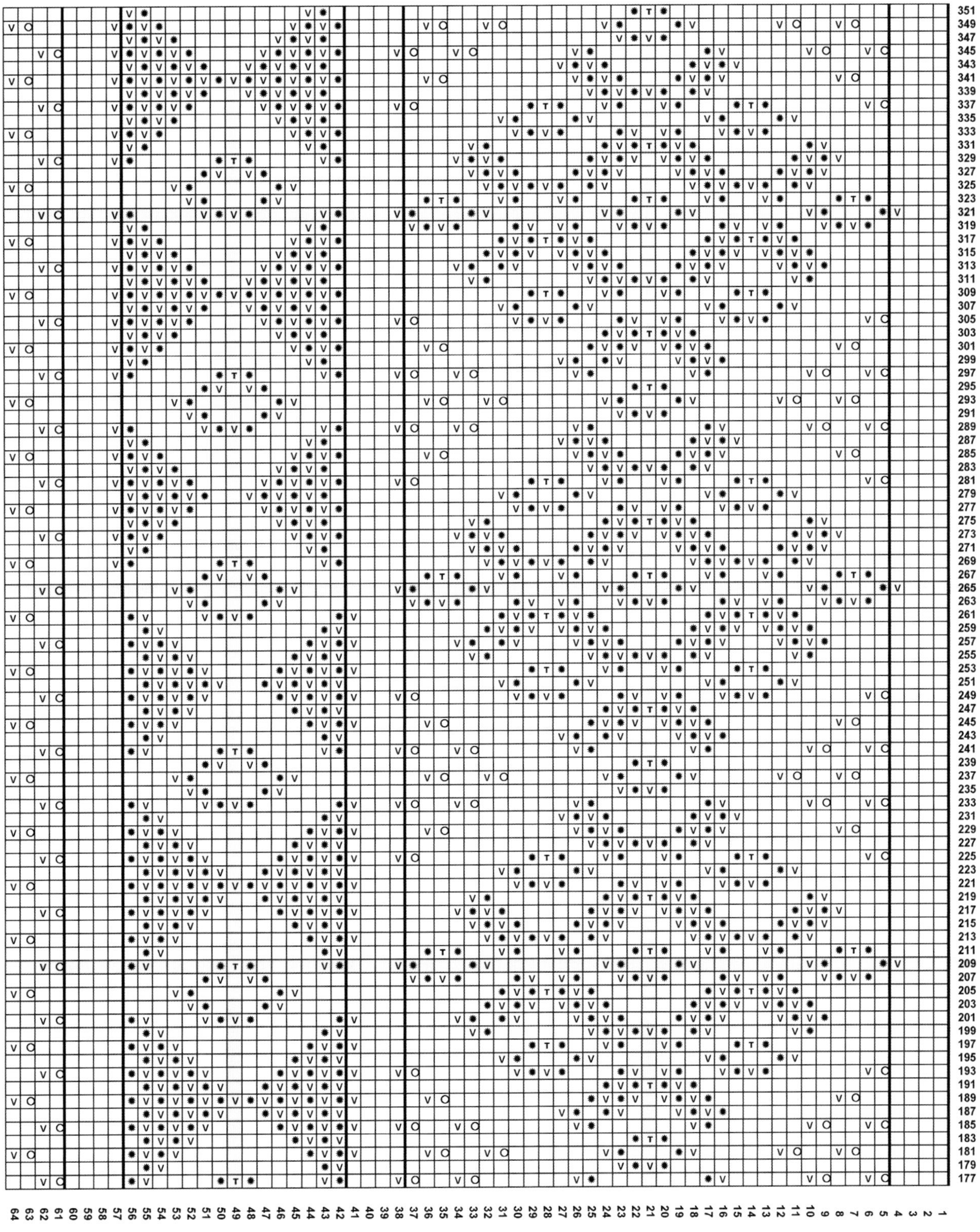

图解：披肩凤凰（第9部分）

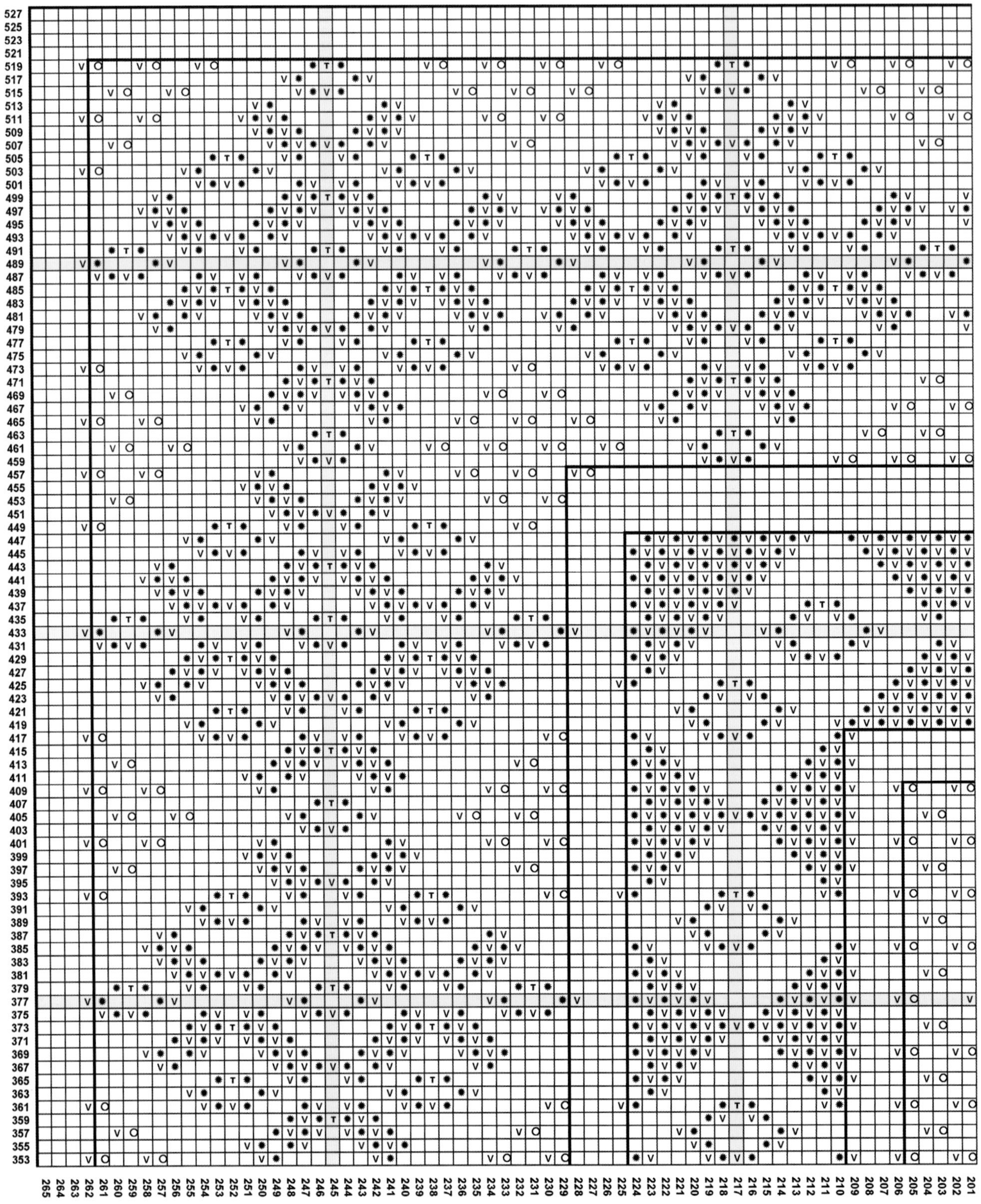

图解：披肩凤凰（第10部分）

图解：披肩凤凰（第11部分）

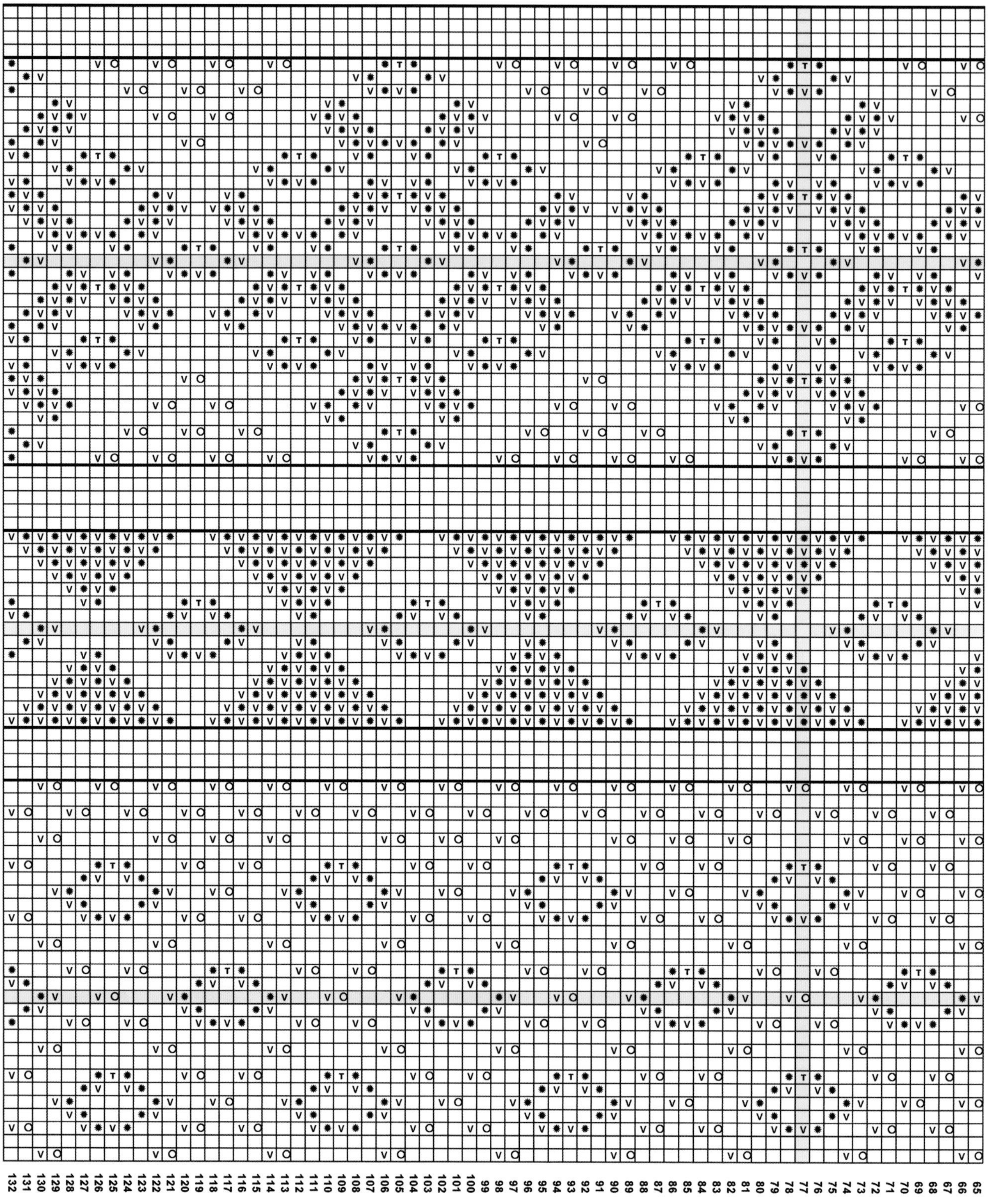

图解：披肩凤凰（第12部分）

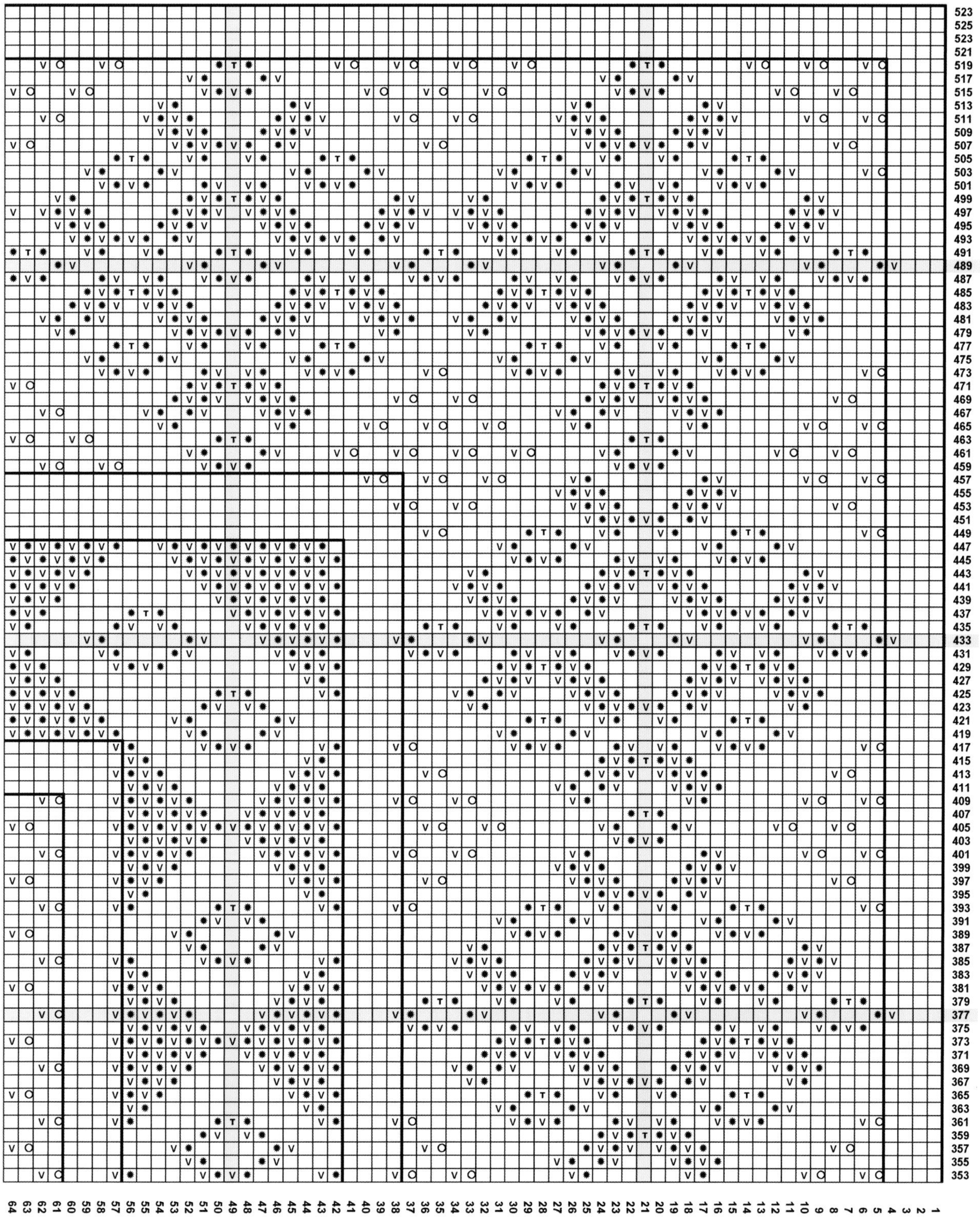

花与蜜

（中心织片为单轮结构的披肩和满花图案的披肩）

我为这2款披肩选择了传统的花样：鱼儿、豆子、蜂巢及由斜线和大浆果组成的雪花花样。

这2款披肩的结构里没有篱笆饰带，装饰边框上使用了鱼儿花样组成的带着枝节的菱形花样。

这2款披肩属于同一系列的图解，但中心织片的构图各不相同。

长披肩1　　　　　　　　　　　　　　　　　　长披肩2

长披肩花与蜜尺寸：宽为19个齿状花样（153针），长为37个齿状花样

定型后的参考尺寸：80厘米×210厘米

　　长披肩2的中心织片为满花图案。在这份图解中，可以将颜色填充的重复单元
（每2个齿状花样）循环编织；也可以调整宽度和长度，织成方披肩

中心织片为满花图案的方披肩花与蜜，长和宽均为29个齿状花样

方披肩尺寸：29/31/33/35/37/39/41个齿状花样（长和宽相同）

定型后的参考尺寸：取决于齿状花样的数量和编织时的手劲儿松紧

你将需要

- 马海毛线1000米/100克，长披肩（宽19个齿状花样、长37个齿状花样）用量160克（1600米），方披肩（长和宽均为29个齿状花样）用量160~170克（1600~1700米）

- 棒针：2.5毫米棒针

———————————————

这条长披肩我选择的线材品牌为Linea Piu的Camelot（67%马海毛，30%锦纶，3%羊毛）

可以通过扫描二维码查看清晰的完整图解（此为宽19个齿状花样、长37个齿状花样的长披肩图解）。

编织方法

1 编织下方齿状花边。

使用任意起针法起8针，编织第0行，然后按照图解编织下方的齿状花边。

齿状花样的重复单元以黄色格子标出。

- 长披肩：编织19个齿状花样
- 方披肩：编织29/31/33/35/37/39/41个齿状花样

2 为披肩主体部分挑针。

编织下一个齿状花样的第1行正面行，棒针上余9针。为披肩主体部分挑出153针。由于边针的位置少1个，所以要加1针。此时还没开始为左侧的齿状花边挑针。

接下来的反面行（第2行）编织下针。不要忘了按照齿状花样的图解将行末的2针一起编织下针的2针并1针。

现在棒针上为153针主体部分、8针右侧齿状花样。

240

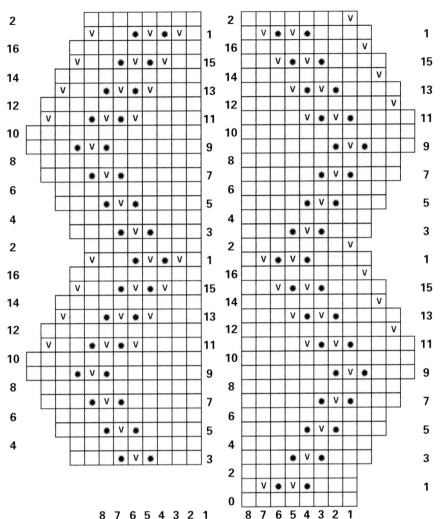

左侧齿状
花样图解

下方/右侧/上方
齿状花样图解

3 为左侧齿状花边挑针。

编织下一个齿状花样的第3行，然后是披肩主体部分图解的第3行，先挑出左侧齿状花样的针目，再按照左侧齿状花样图解的第3行编织花样（见107页第3步）。

现在披肩的所有针目已完成起针：9针左侧齿状花样，153针主体部分，9针右侧齿状花样。共171针。

反面行编织下针。

方披肩的宽（不计两侧齿状花样）为29/31/33/35/

37/39/41个齿状花样，对应的针数为233/249/265/281/297/313/329针。

4 按照披肩图解继续编织。

按照图解中黄色部分进行单元重复，编织长披肩左边的装饰边框（在重复单元的下方，这些针目被标注为第131~152针）。该行结束于第153针（它始终编织下针，位于图解数字列的左边）。

5 编织上方齿状花边（见110页第5步），完成披肩（见111页第6步）。为完成的披肩定型（见118页）。

241

图解：中心织片为单轮结构的披肩花与蜜（第1部分）

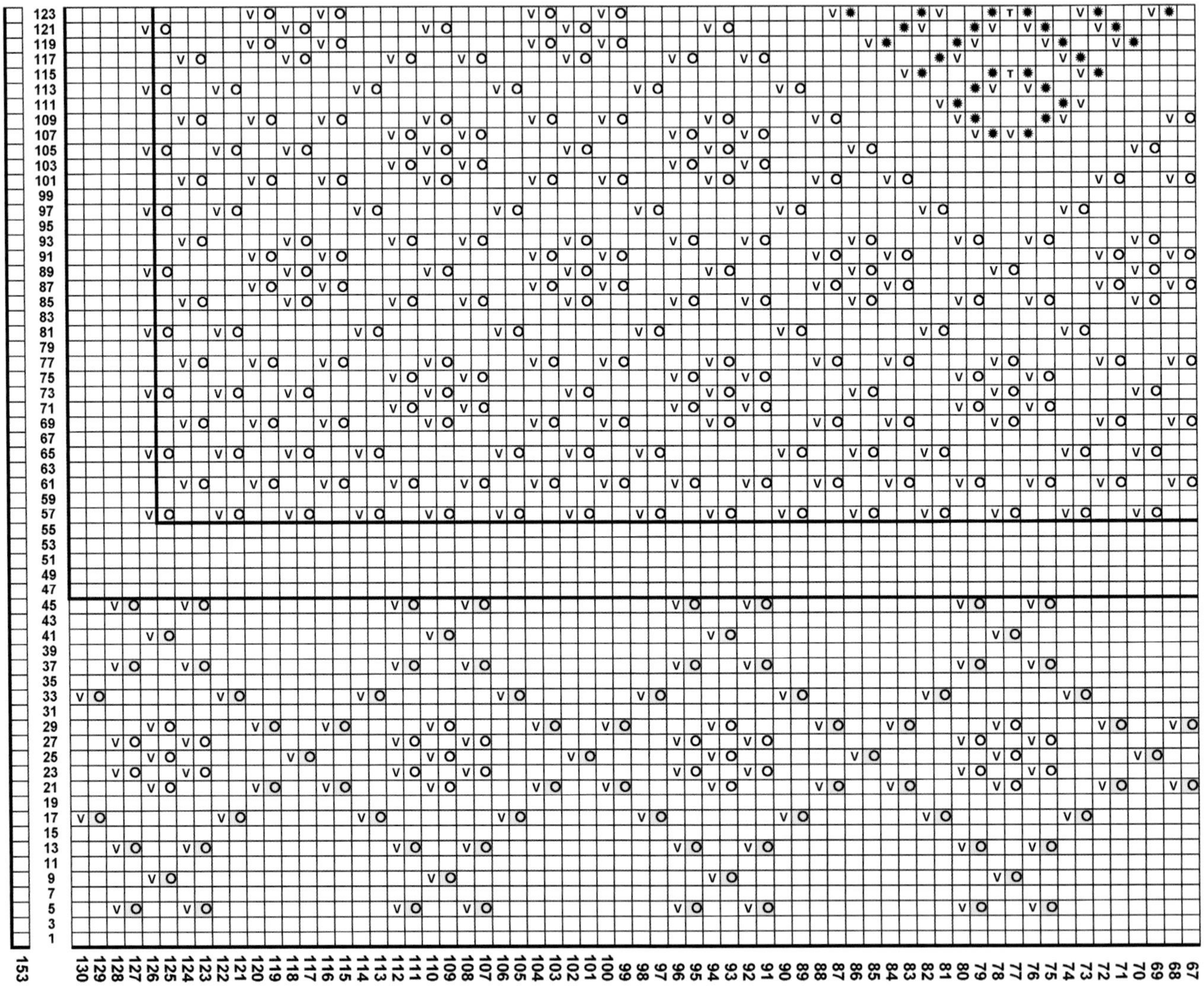

图解：中心织片为单轮结构的披肩花与蜜（第2部分）

图解：中心织片为单轮结构的披肩花与蜜（第3部分）

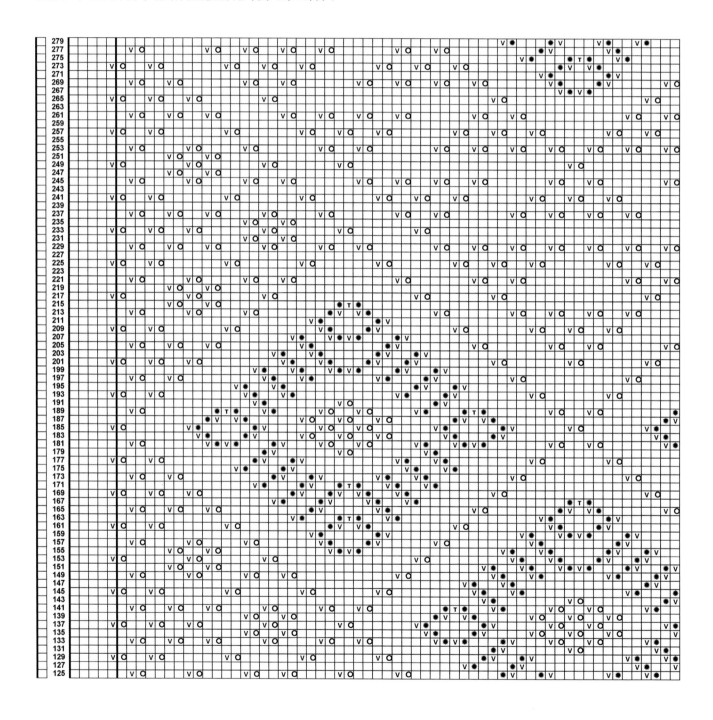

图解：中心织片为单轮结构的披肩花与蜜（第4部分）

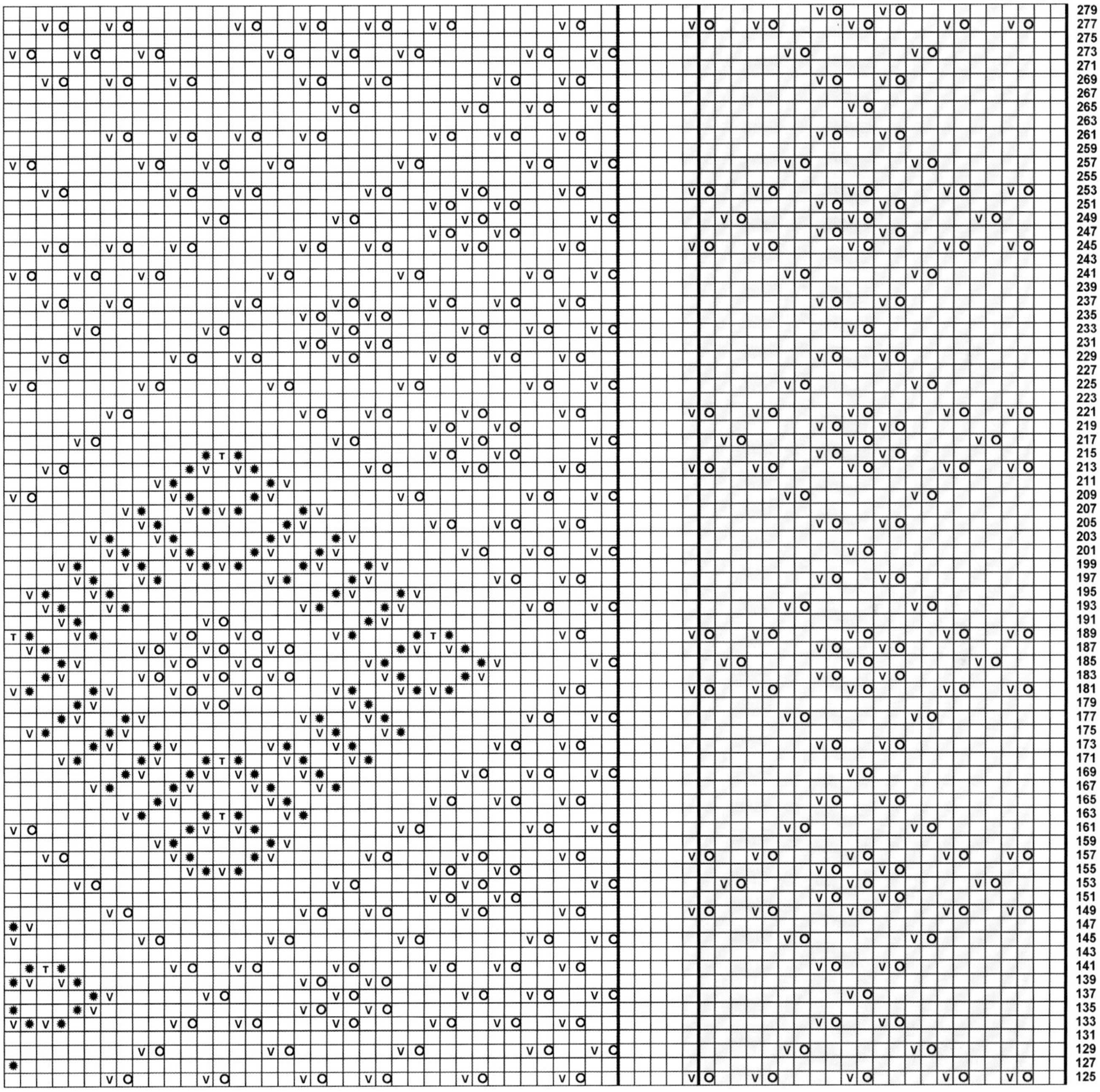

279
277
275
273
271
269
267
265
263
261
259
257
255
253
251
249
247
245
243
241
239
237
235
233
231
229
227
225
223
221
219
217
215
213
211
209
207
205
203
201
199
197
195
193
191
189
187
185
183
181
179
177
175
173
171
169
167
165
163
161
159
157
155
153
151
149
147
145
143
141
139
137
135
133
131
129
127
125

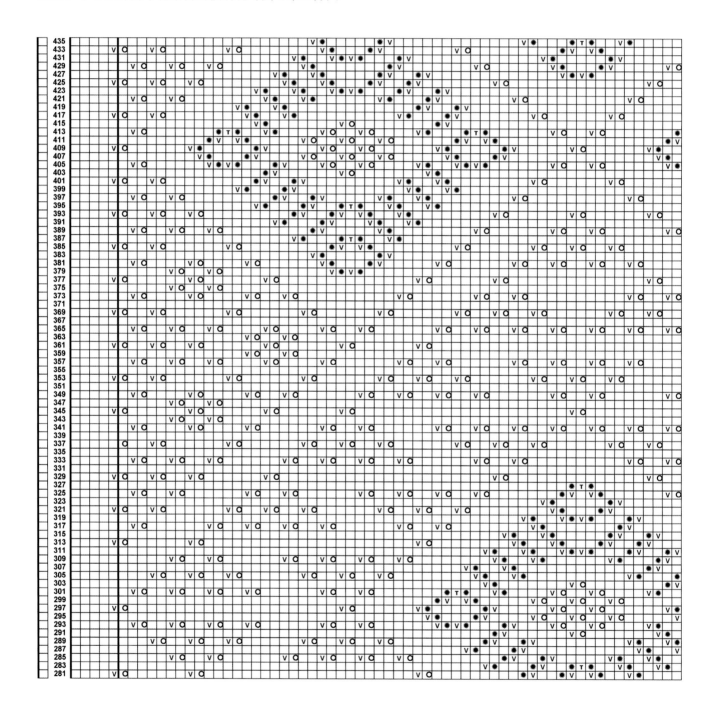

图解：中心织片为单轮结构的披肩花与蜜（第6部分）

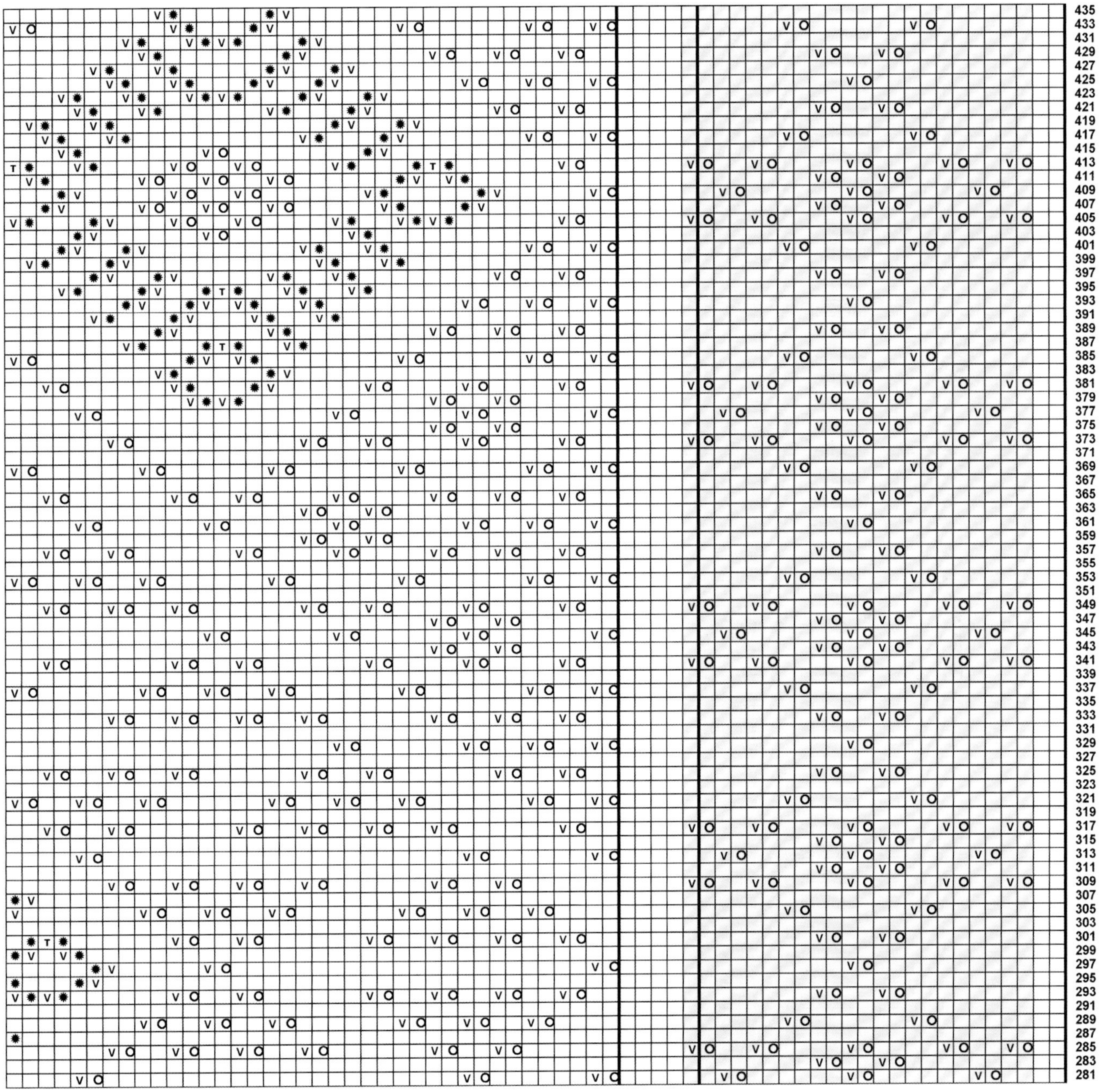

435
433
431
429
427
425
423
421
419
417
415
413
411
409
407
405
403
401
399
397
395
393
391
389
387
385
383
381
379
377
375
373
371
369
367
365
363
361
359
357
355
353
351
349
347
345
343
341
339
337
335
333
331
329
327
325
323
321
319
317
315
313
311
309
307
305
303
301
299
297
295
293
291
289
287
285
283
281

247

图解：中心织片为单轮结构的披肩花与蜜（第7部分）

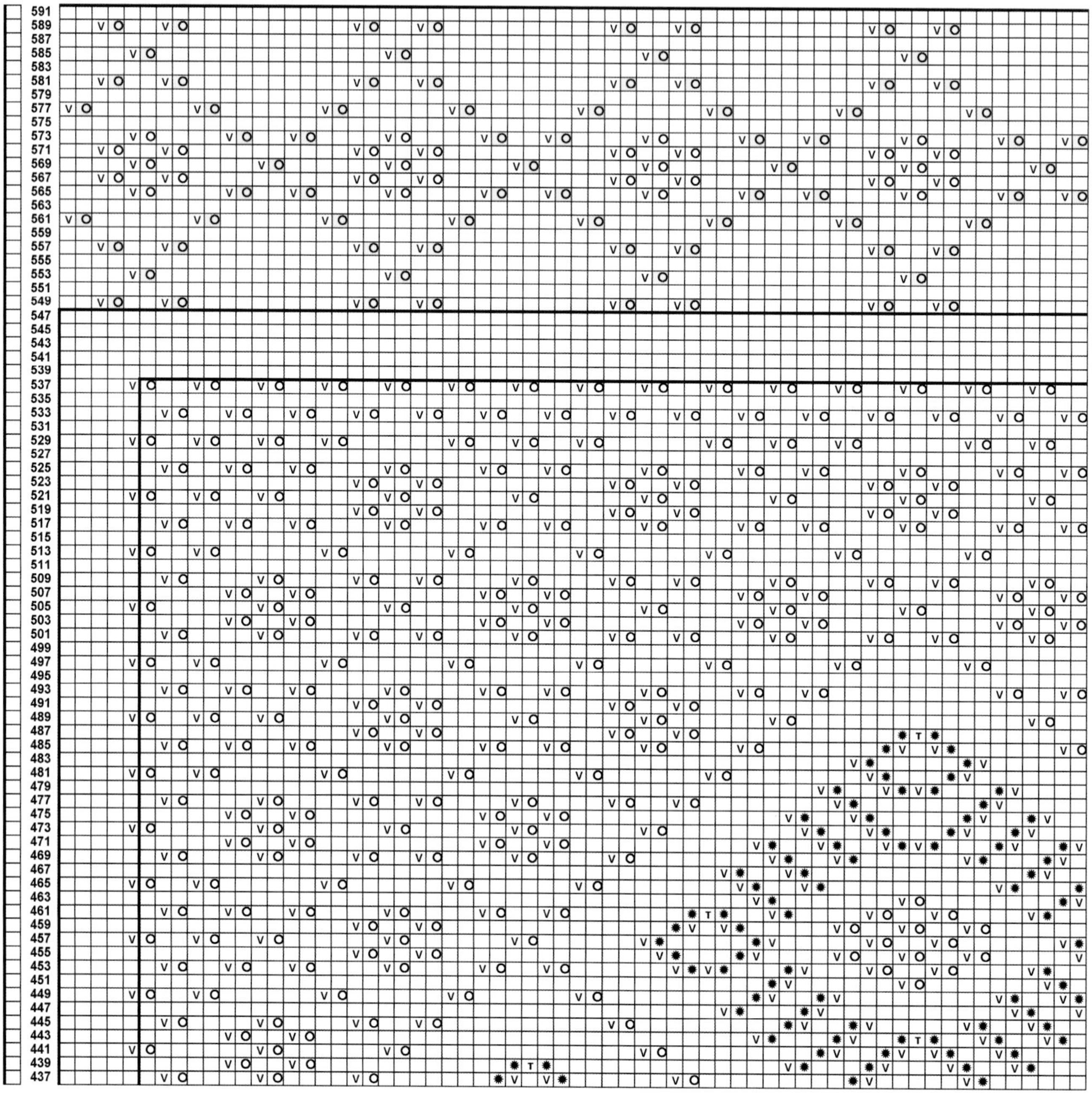

图解：中心织片为单轮结构的披肩花与蜜（第8部分）

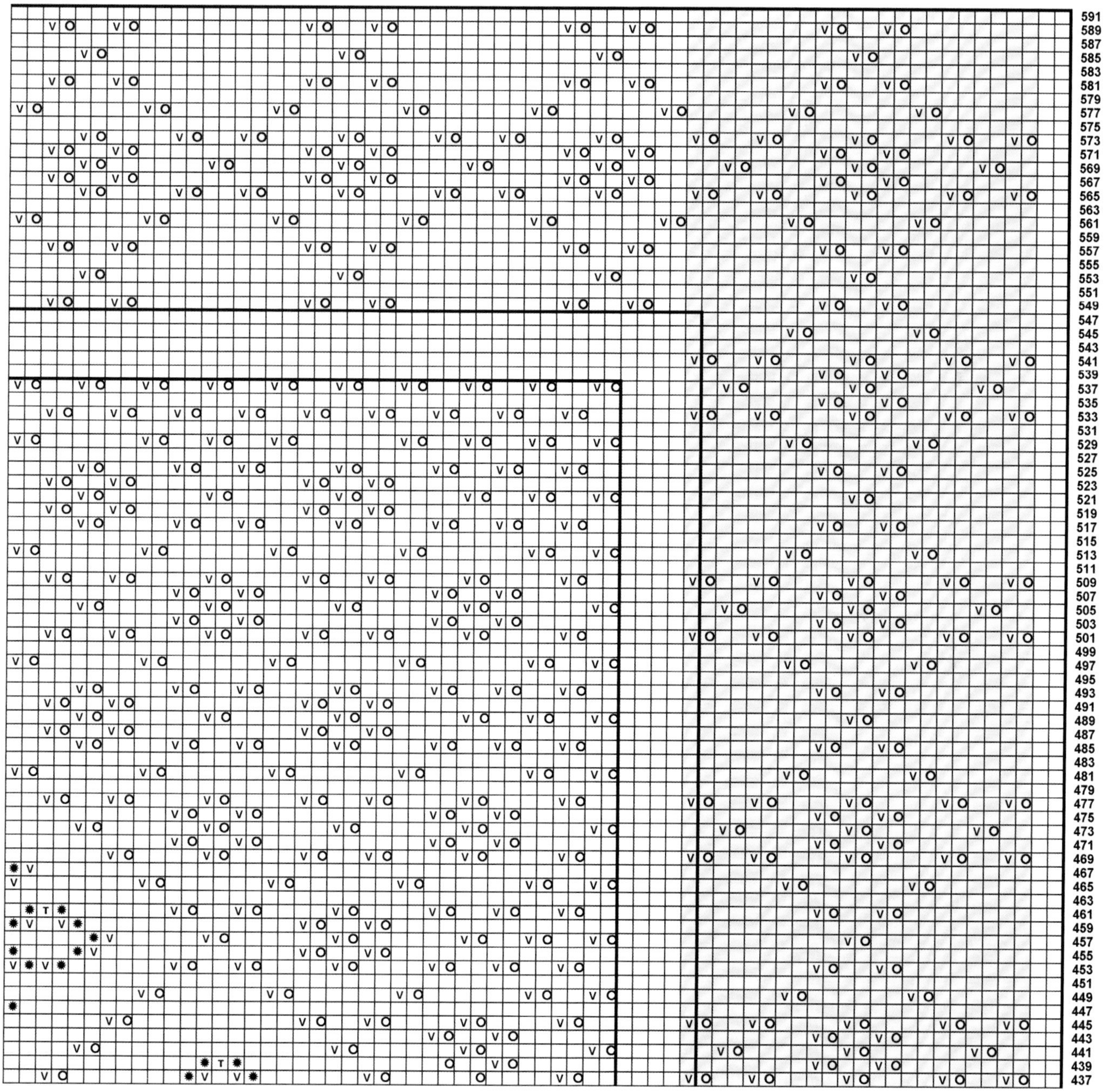

中心织片为满花图案的披肩图解

中心织片的重复单元次数分别为：

- 长披肩（宽为19个齿状花样，长为37个齿状花样）：横向重复4次，纵向重复13次
- 方披肩（每边29/31/33/35/37/39/41个齿状花样），横向和纵向均重复9/10/11/12/13/14/15次

252~255页图解中的齿状花样是"被折叠"的版本，因为图解只显示了正面行，要按照齿状花边的完整图解来编织（注意反面行的编织方法）。

可以通过扫描二维码查看清晰的完整图解。

图解：中心织片为满花图案的披肩花与蜜（第1部分）

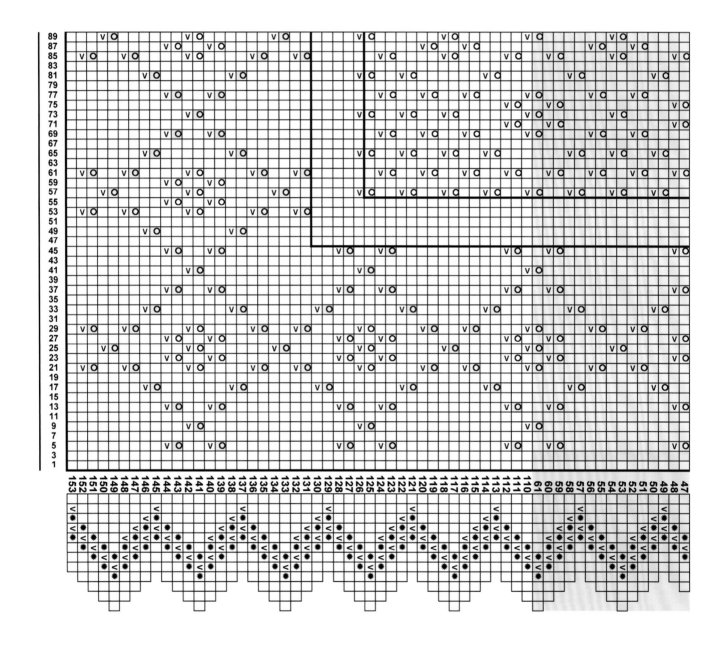

图解：中心织片为满花图案的披肩花与蜜（第2部分）

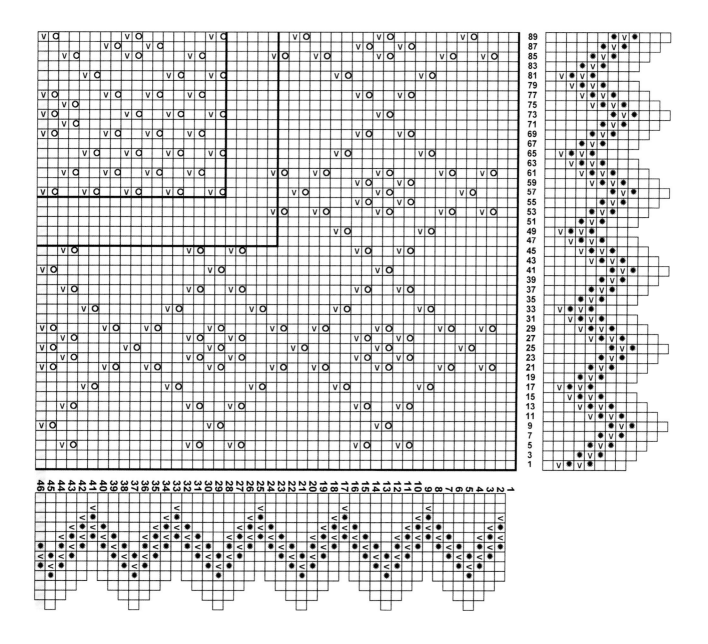

图解：中心织片为满花图案的披肩花与蜜（第3部分）

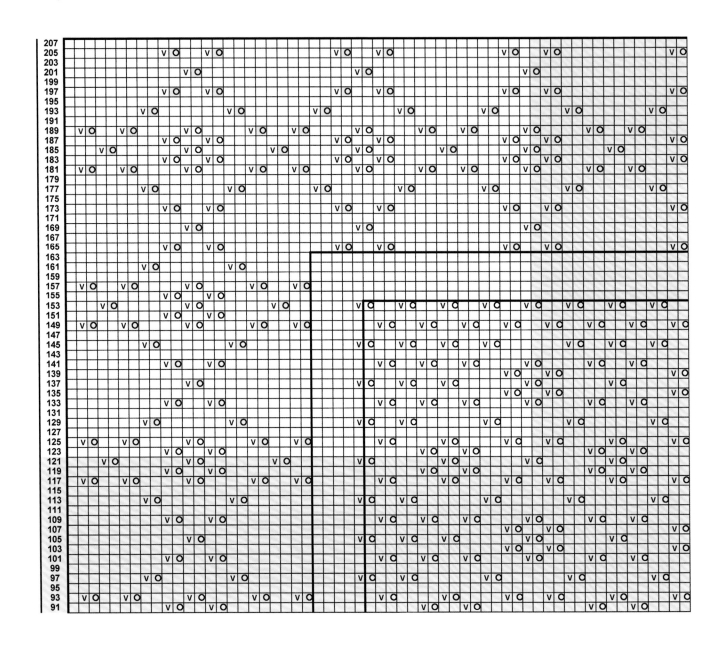

图解：中心织片为满花图案的披肩花与蜜（第4部分）

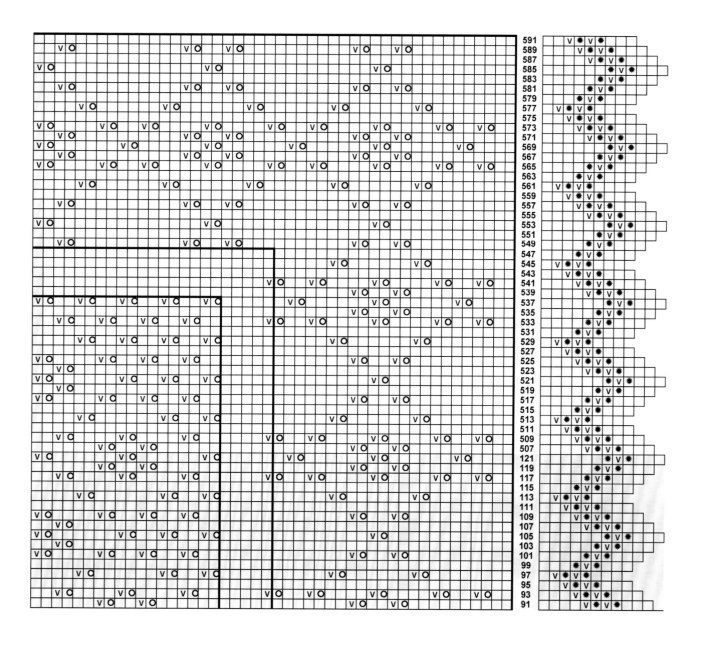

灵感
（单轮结构的方披肩）

这条披肩的图解是我在2019年1月去俄罗斯博物馆观看披肩展览之后绘制的。

它的中心织片为单轮结构，中心织片的对角区有各种不同的图解，装饰边框为鱼儿花样组成的雪花花样，篱笆饰带为小球花样。

方披肩尺寸：每行243针，不计齿状花样的针数（宽为30个齿状花样，长为31个齿状花样）

定型后的参考尺寸：140厘米×140厘米

你将需要

- 马海毛线1000米/100克，190克（1900米）

- 棒针：2.5毫米棒针

这条长披肩我选择的线材品牌为Linea Piu的Camelot（67%马海毛，30%锦纶，3%羊毛）

披肩的图解按以下顺序分区：

第9部分	第10部分	第11部分	第12部分
第5部分	第6部分	第7部分	第8部分
第1部分	第2部分	第3部分	第4部分

可以通过扫描二维码查看清晰的完整图解。

编织方法

1　编织下方齿状花边。

　　使用任意起针法起13针，编织第0行，然后按照图解编织下方齿状花边。

　　齿状花样的重复单元以黄色格子标出。

　　共编织30个齿状花样。

2　为披肩主体部分挑针。

　　编织下一个齿状花样的第1行正面行，棒针上余14针。为披肩主体部分挑出243针。由于边针的位置少3个，所以要加3针。此时还没开始为左侧齿状花边挑针。

　　接下来的反面行（第2行）编织下针。不要忘了按照齿状花样的图解将行末的2针一起编织下针的2针并1针。

　　现在棒针上为243针主体部分、13针右侧齿状花样。

3　为左侧齿状花边挑针。

　　编织下一个齿状花样的第3行，然后是披肩主体部分图解的第3行，先挑出左侧齿状花样的针

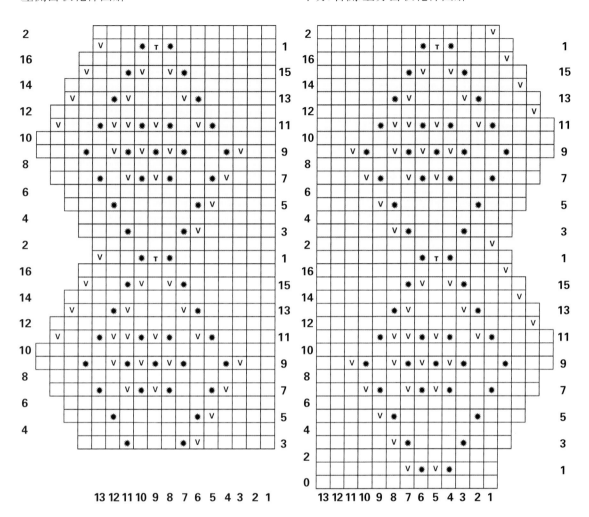

目，再按照左侧齿状花样图解的第3行编织花样
（见107页第3步）。

现在披肩的所有针目已完成起针：14针左侧齿
状花样，243针主体部分，14针右侧齿状花样。
共271针。

反面行编织下针。

4　按照披肩图解继续编织，完成披肩（见110页第
5步和111页第6步）。

注意最后一行要减2针。

在开始编织披肩的篱笆饰带之前，一定要
仔细阅读编织小球花样的内容

5　为完成的披肩定型（见118页）。

这条披肩的中心织片为单轮结构，因此不
能通过加针或减针来修改披肩的针数

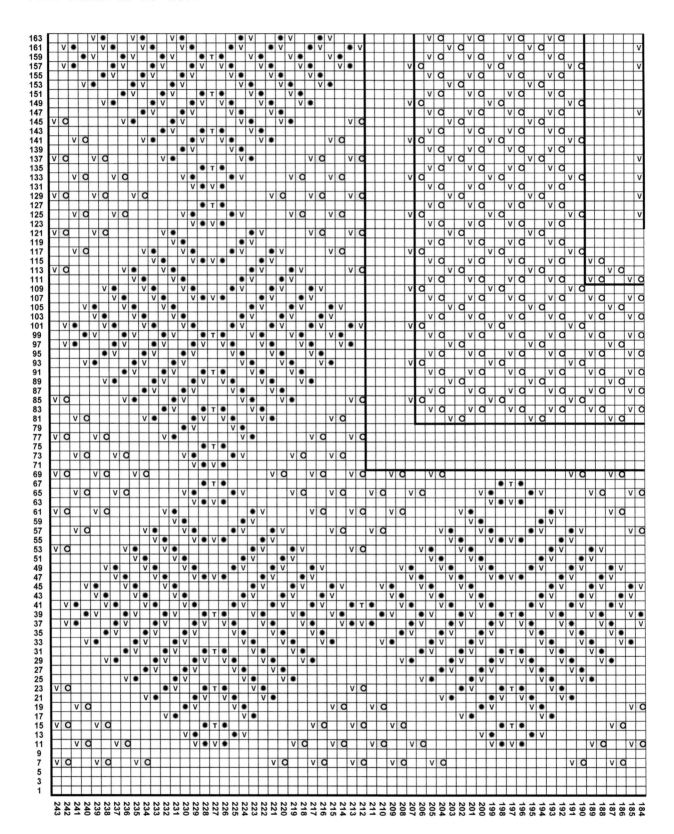

图解：方披肩灵感（第2部分）

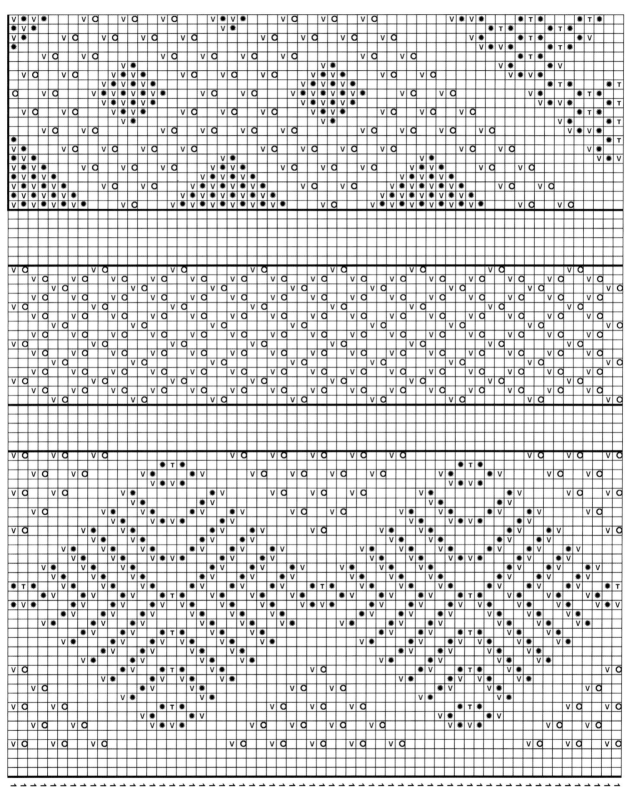

121 120 119 118 117 116 115 114 113 112 111 110 109 108 107 106 105 104 103 102 101 100 99 98 97 96 95 94 93 92 91 90 89 88 87 86 85 84 83 82 81 80 79 78 77 76 75 74 73 72 71 70 69 68 67 66 65 64 63 62 61 60

图解：方披肩灵感（第4部分）

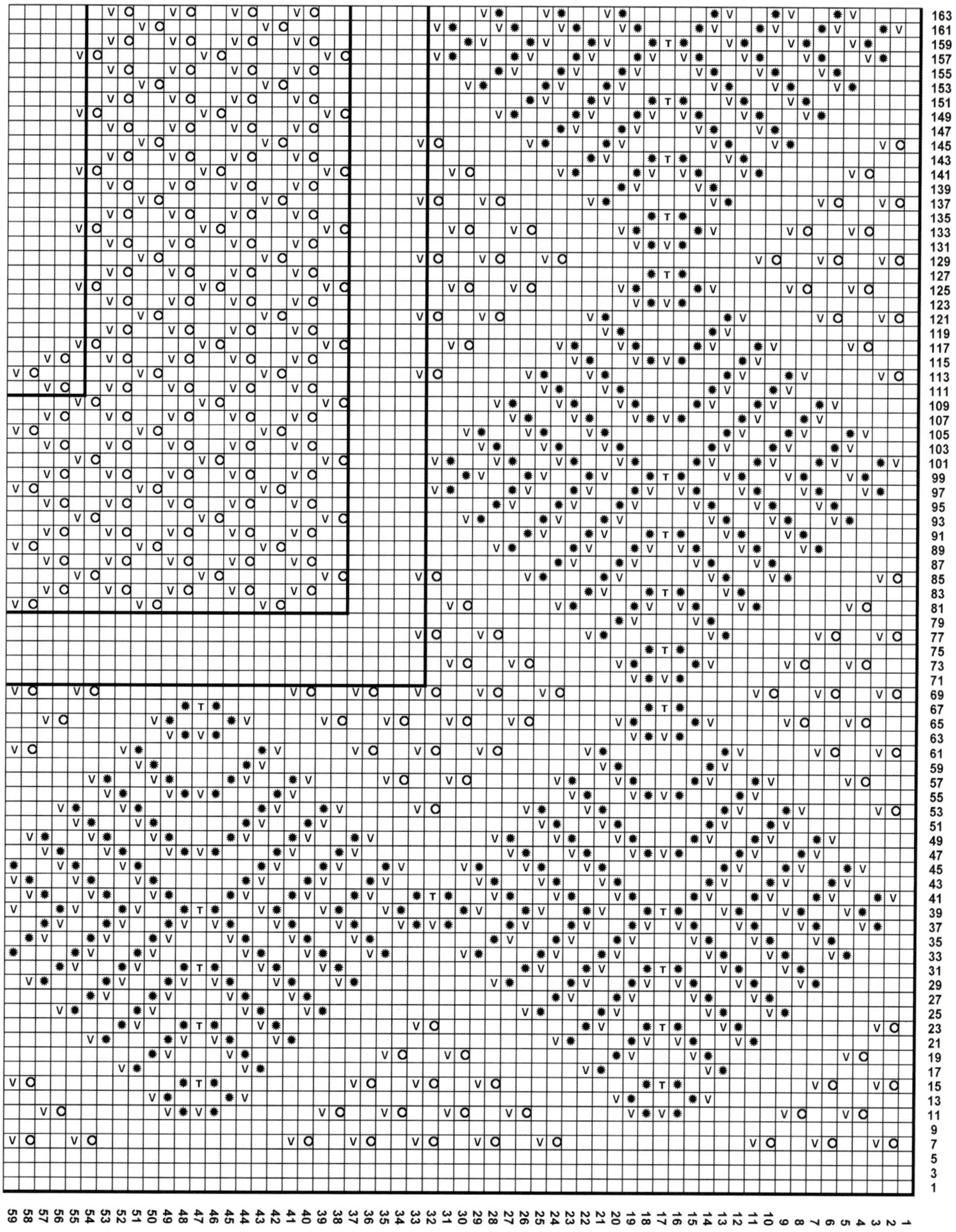

图解：方披肩灵感（第5部分）

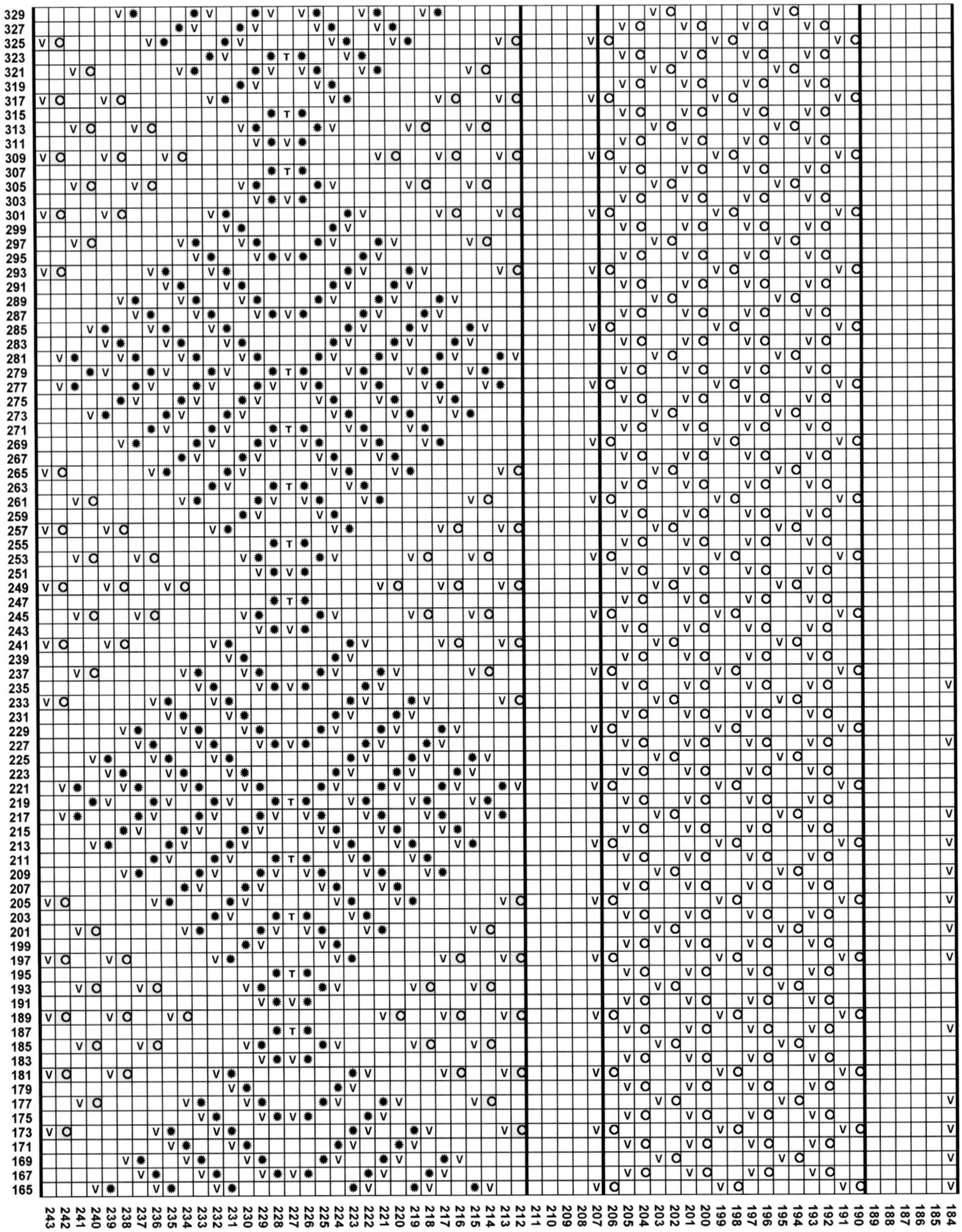

图解：方披肩灵感（第6部分）

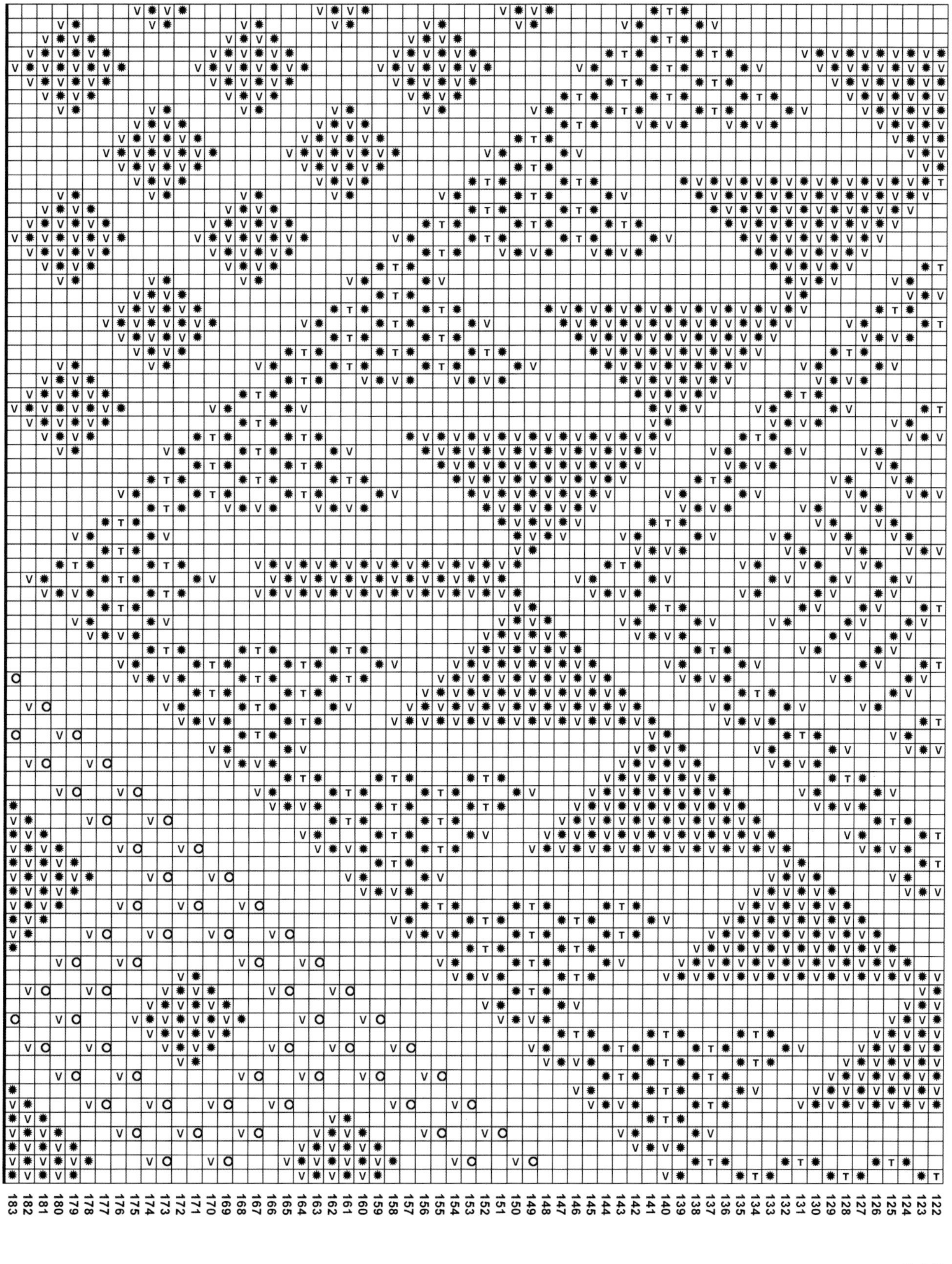

图解：方披肩灵感（第7部分）

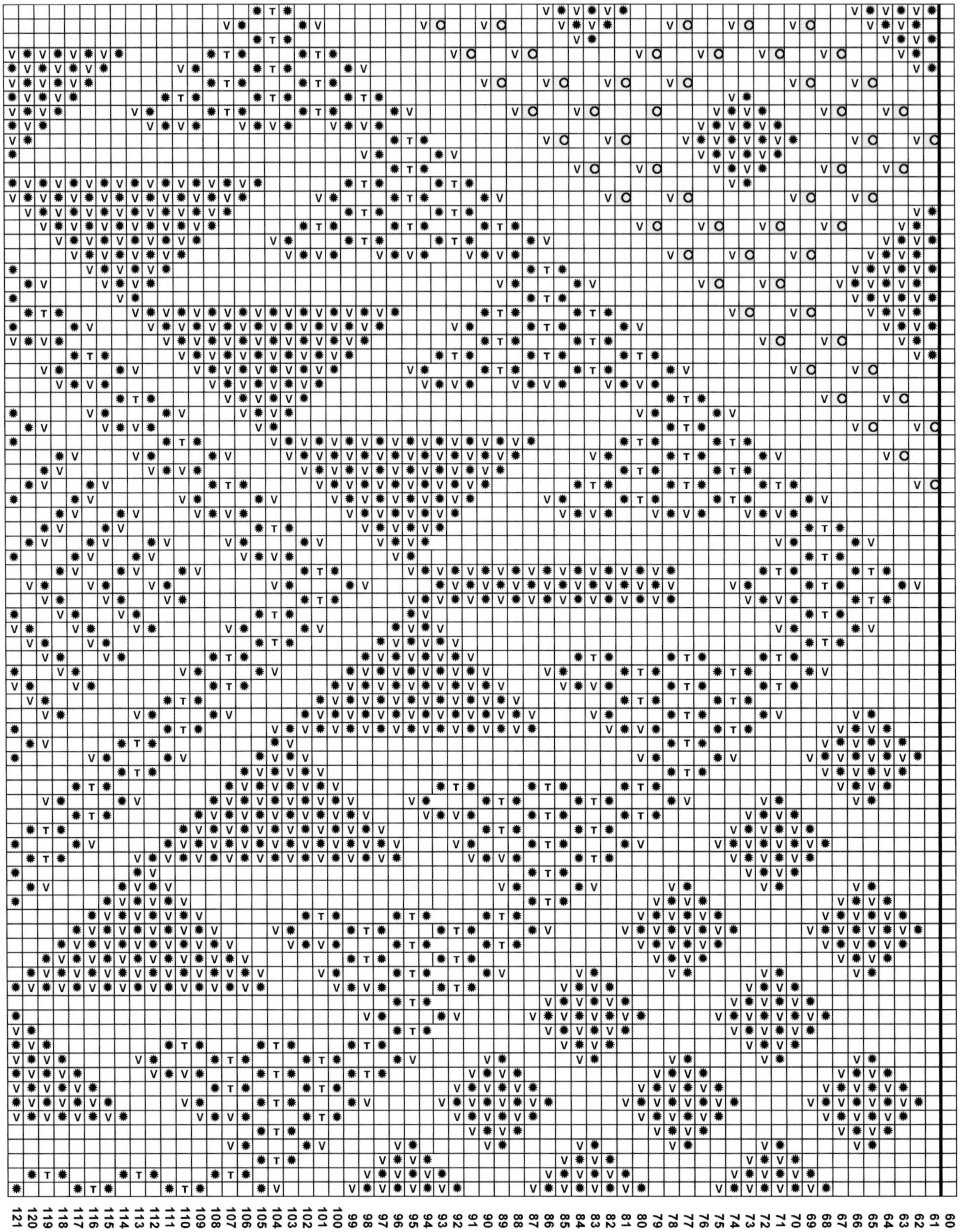

图解：方披肩灵感（第8部分）

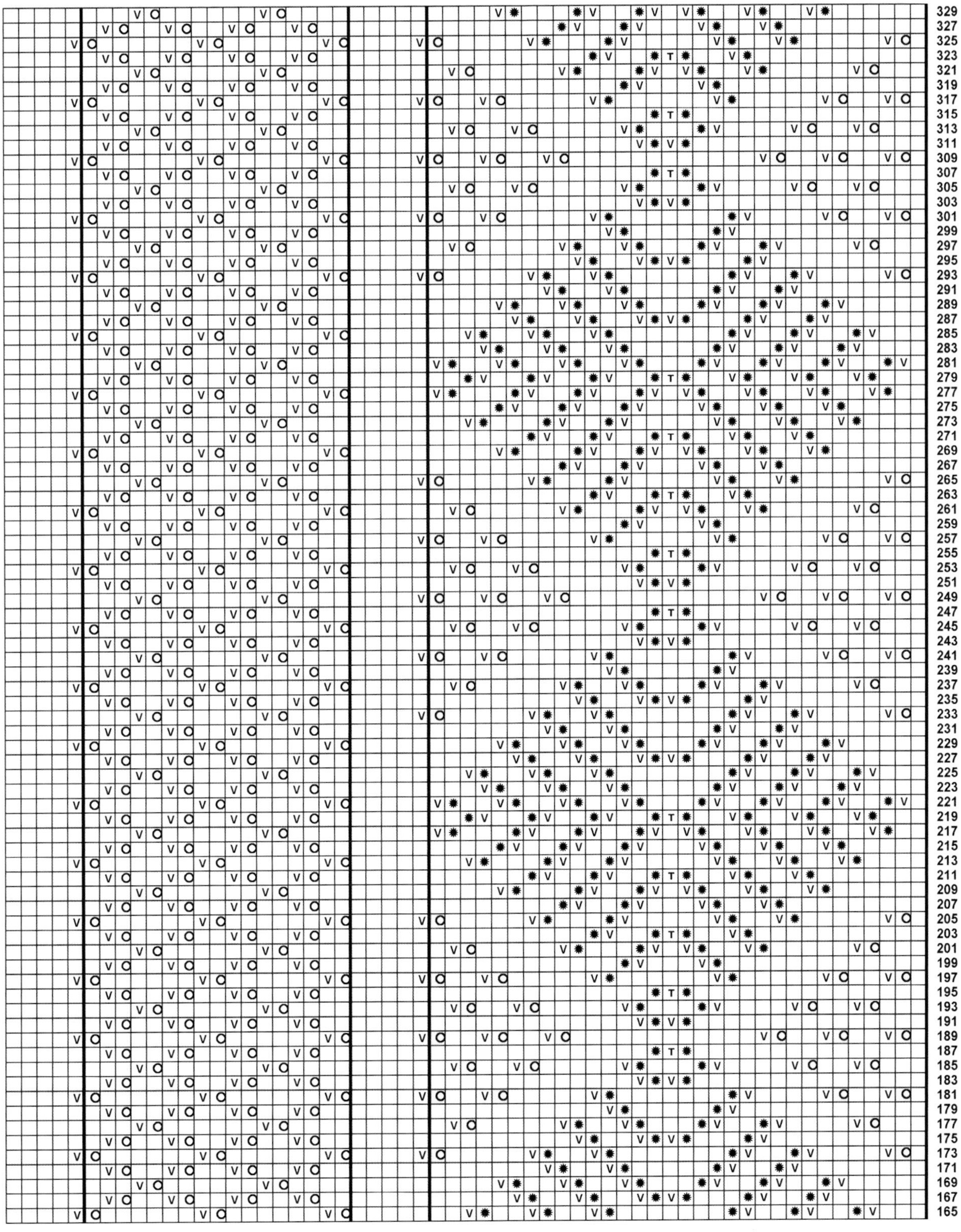

图解：方披肩灵感（第9部分）

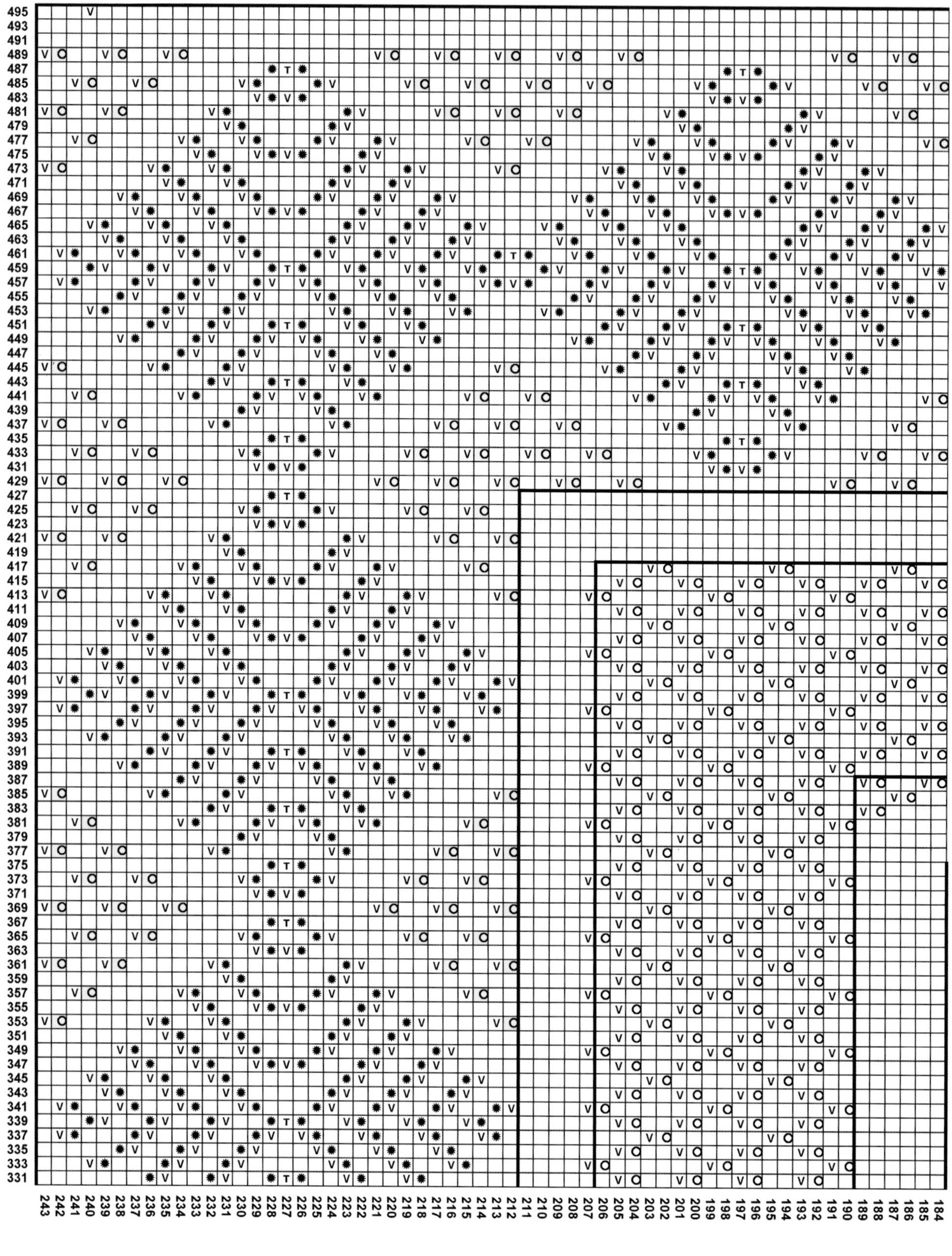

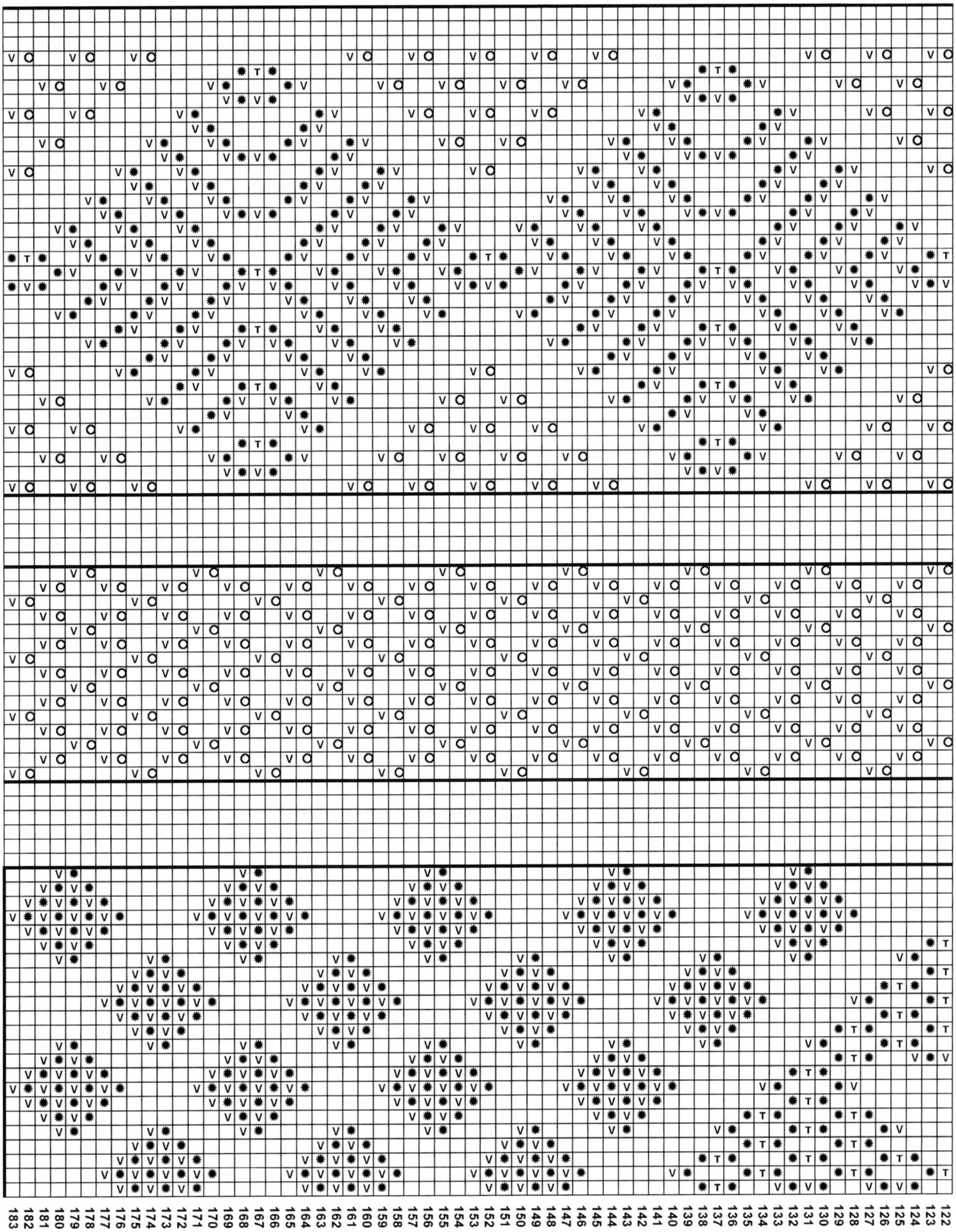

图解：方披肩灵感（第11部分）

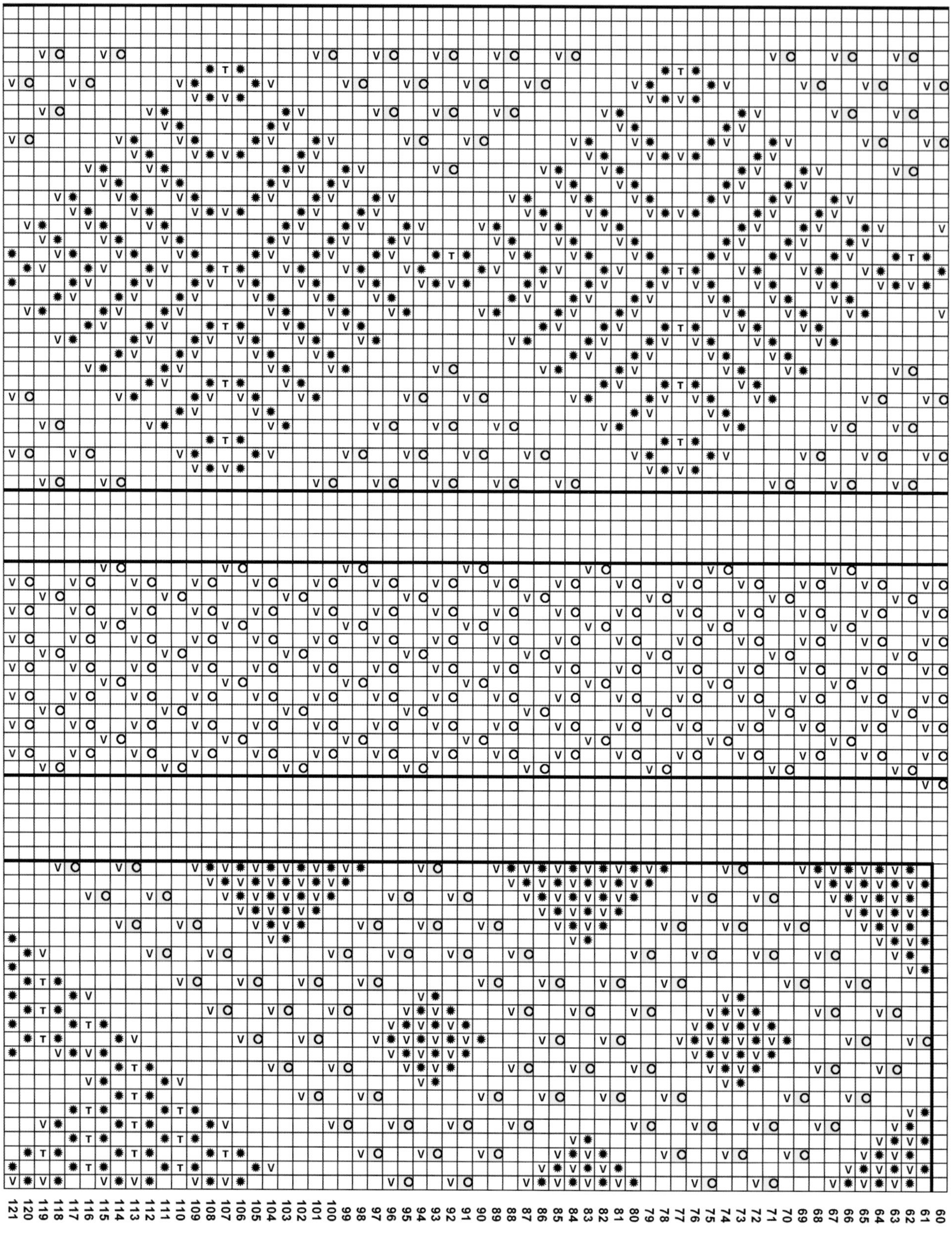

图解：方披肩灵感（第12部分）

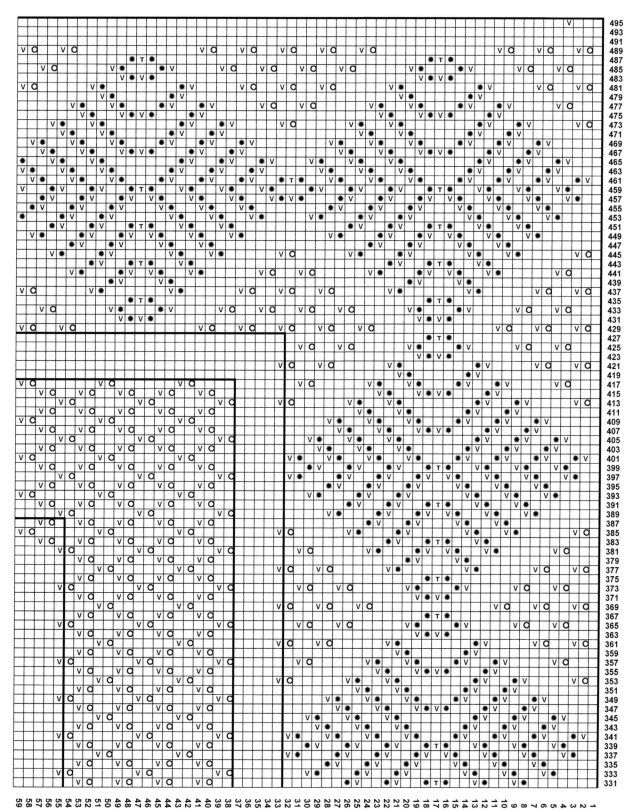

271

马林果
（单轮结构的方披肩）

这条方披肩的中心织片为单轮结构，构图时运用了各种形状，由大浆果花样和小浆果花样组成。披肩的齿状花边来自小球花样，让人联想到小小的枞树。

方披肩尺寸：每行233针，不计齿状花样的针数（长和宽均为29个齿状花样）

定型后的参考尺寸：135厘米×135厘米

你将需要

- 马海毛线1000米/100克，约150克
  （1400~1500米）

- 棒针：2.5毫米棒针

这条方披肩我使用的线材非常细，完成后的披肩重量仅80克，尺寸也很小，仅105厘米×105厘米

披肩的图解按以下顺序分区：

第9部分	第10部分	第11部分	第12部分
第5部分	第6部分	第7部分	第8部分
第1部分	第2部分	第3部分	第4部分

可以通过扫描二维码查看清晰的完整图解。

编织方法

1　编织下方齿状花边。

　　使用任意起针法起9针，编织第0行，然后按照图解编织下方齿状花边。

　　齿状花样的重复单元以黄色格子标出。

　　共编织29个齿状花样。

2　为披肩主体部分挑针。

　　编织下一个齿状花样的第1行正面行，棒针上余10针。为披肩主体部分挑出233针。由于边针的位置少1个，所以要加1针。此时还没开始为左侧齿状花边挑针。

　　接下来的反面行（第2行）编织下针。不要忘了按照齿状花边的图解将行末的2针一起编织下针的2针并1针。

　　现在棒针上为233针主体部分、9针右侧齿状花样。

3　为左侧齿状花边挑针。

左图行号（上半部分，左）：2 / 16 / 1 / 15 / 14 / 13 / 12 / 11 / 10 / 9 / 8 / 7 / 6 / 5 / 4 / 3 / 2 / 1

右图行号（上半部分）：2 / 16 / 1 / 15 / 14 / 13 / 12 / 11 / 10 / 9 / 8 / 7 / 6 / 5 / 4 / 3 / 1 / 0

9 8 7 6 5 4 3 2 1

9 8 7 6 5 4 3 2 1

编织下一个齿状花样的第3行，然后是披肩主体部分图解的第3行，先挑出左侧齿状花样的针目，再按照左侧齿状花样图解的第3行编织花样（见107页第3步）。

———

注意，左侧齿状花样图解与下方（右侧、上方）齿状花样图解不同。在这种情况下，齿状花样小球花样的方向，应和披肩另一侧的花样对称排列

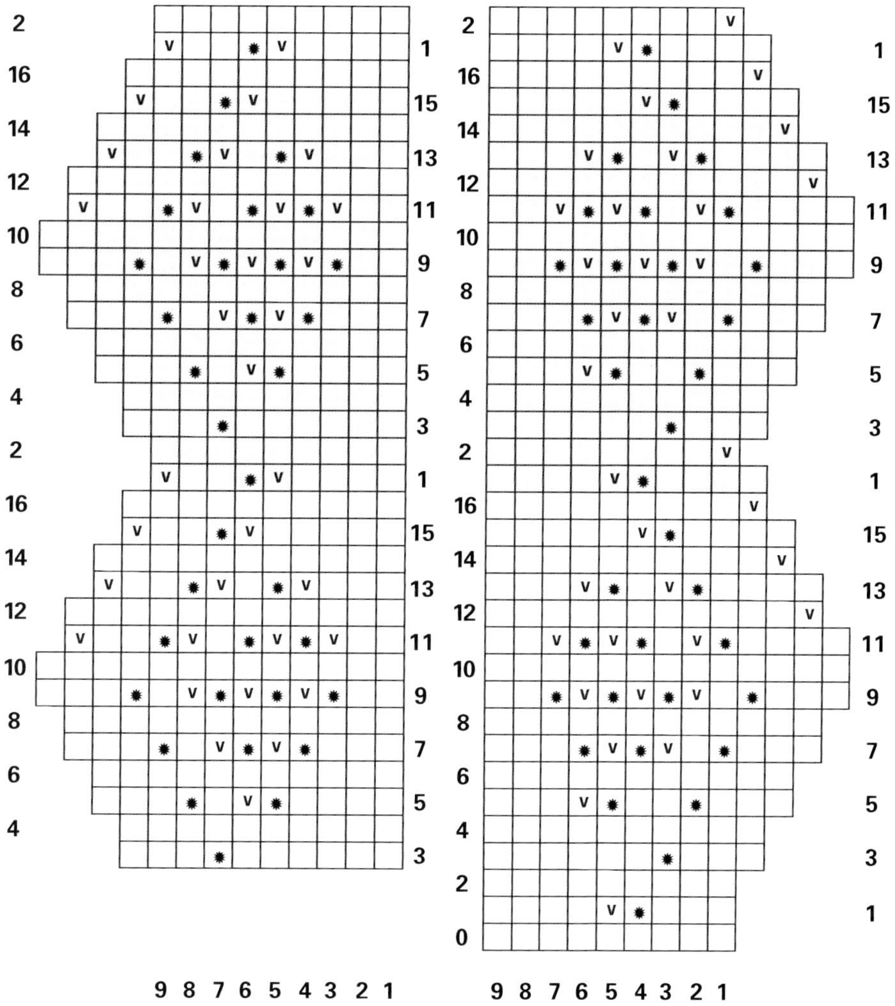

现在披肩的所有针目已完成起针：10针左侧齿状花样，233针主体部分，10针右侧齿状花样。共253针。

反面行编织下针。

4 按照披肩图解继续编织，完成披肩（见110页第5步和111页第6步）。

5 为完成的披肩定型（见118页）。

———

这条披肩的中心织片为单轮结构，因此不能通过加针或减针来修改披肩的针数

图解：方披肩马林果（第1部分）

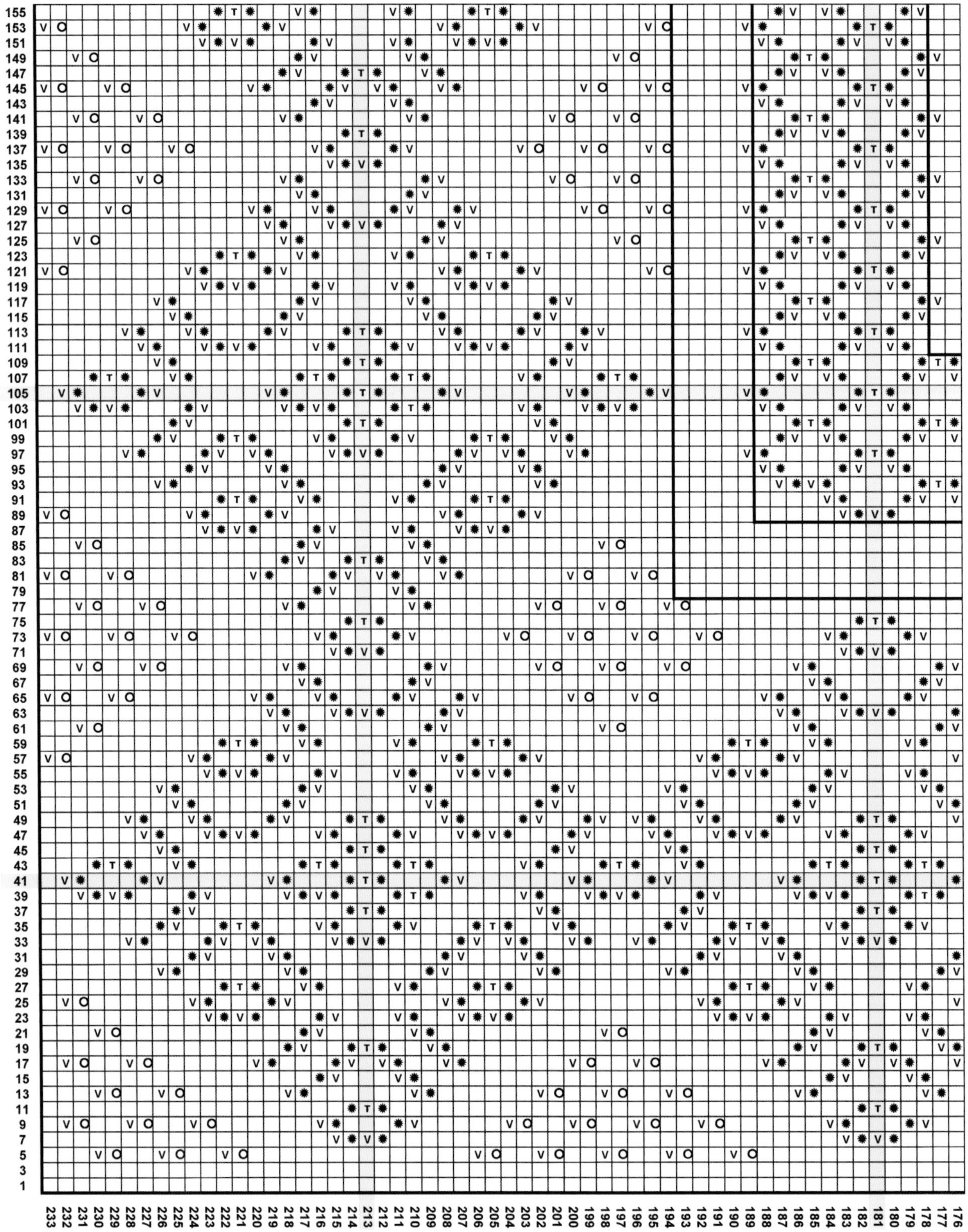

图解：方披肩马林果（第2部分）

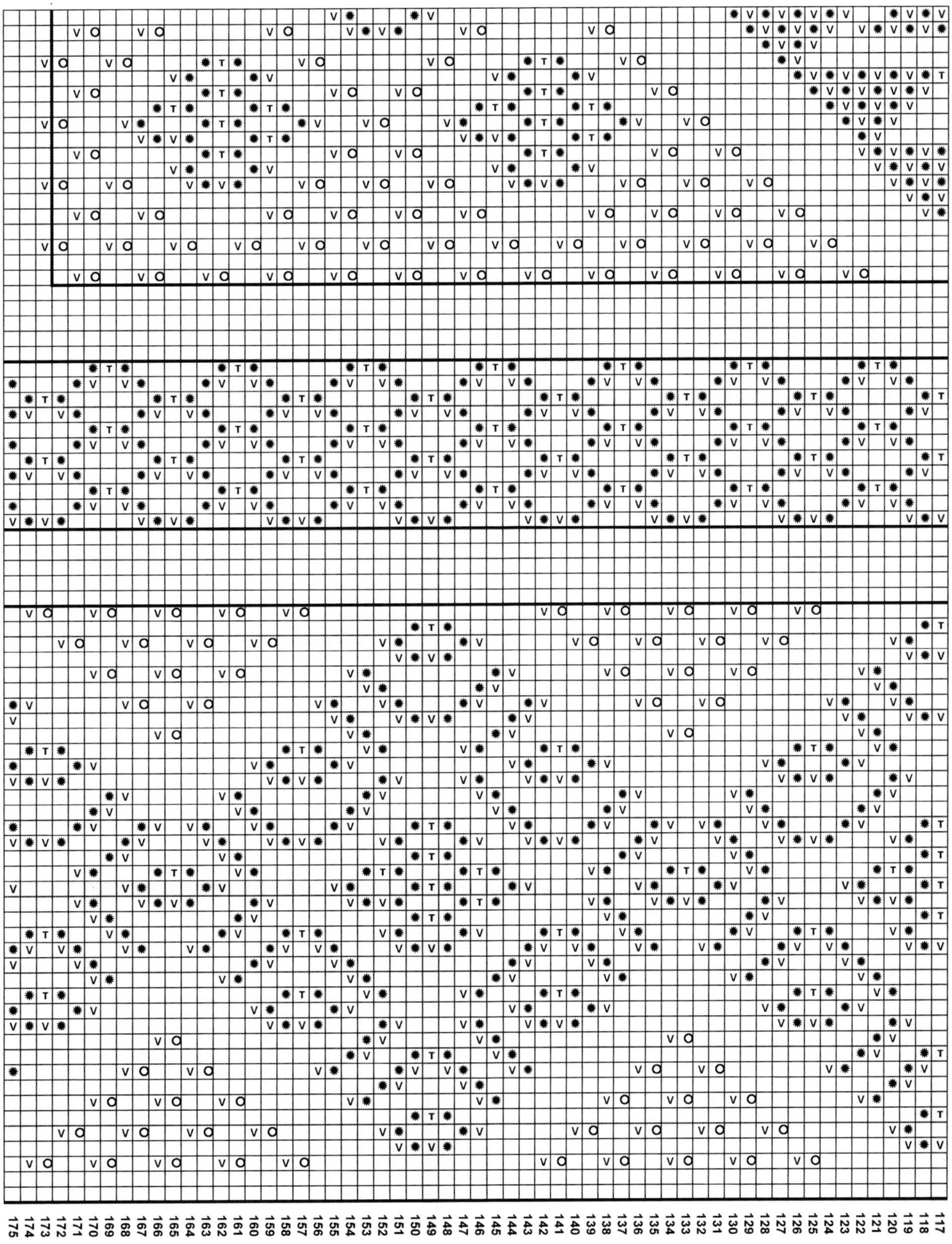

图解：方披肩马林果（第3部分）

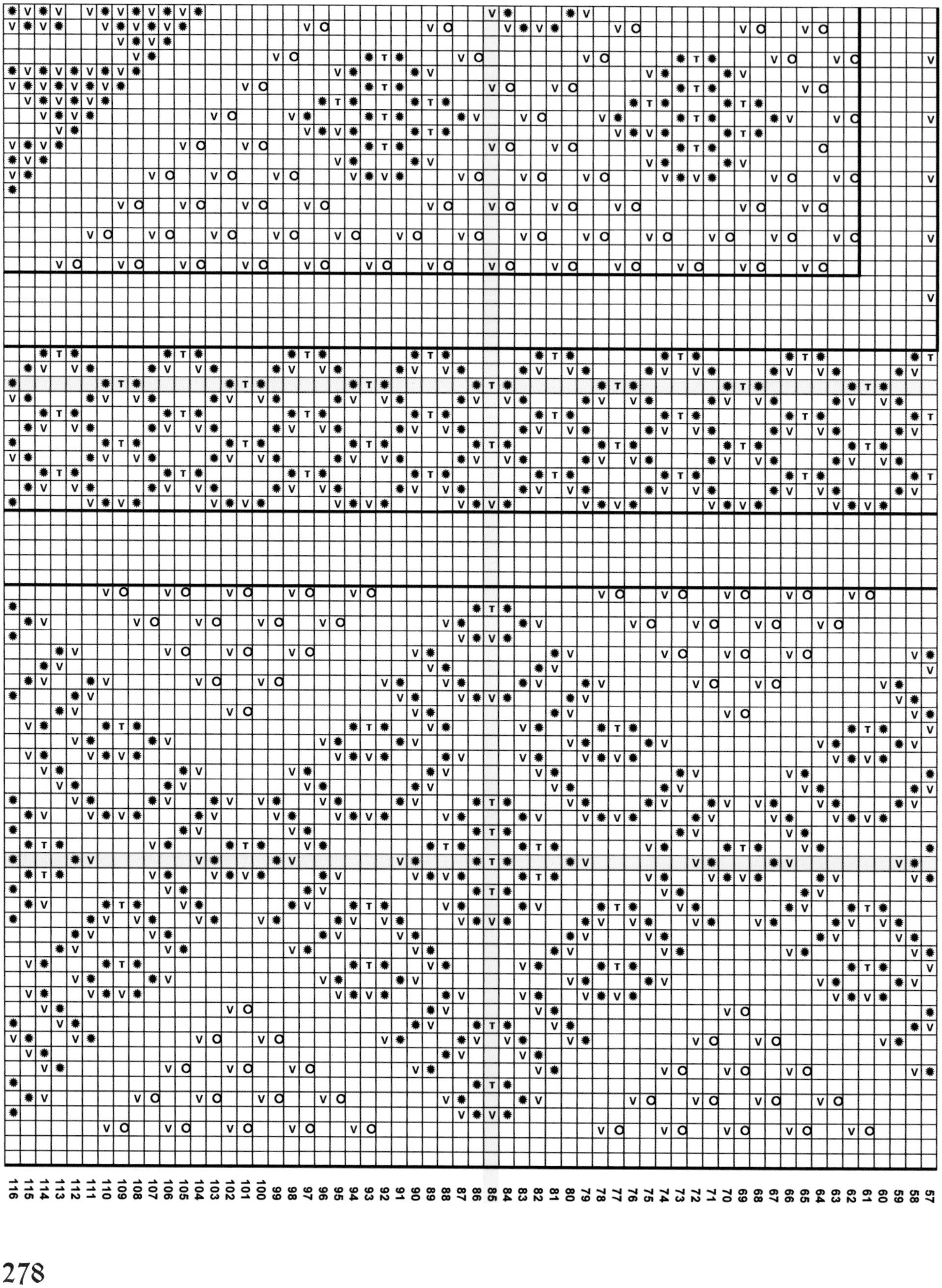

图解：方披肩马林果（第4部分）

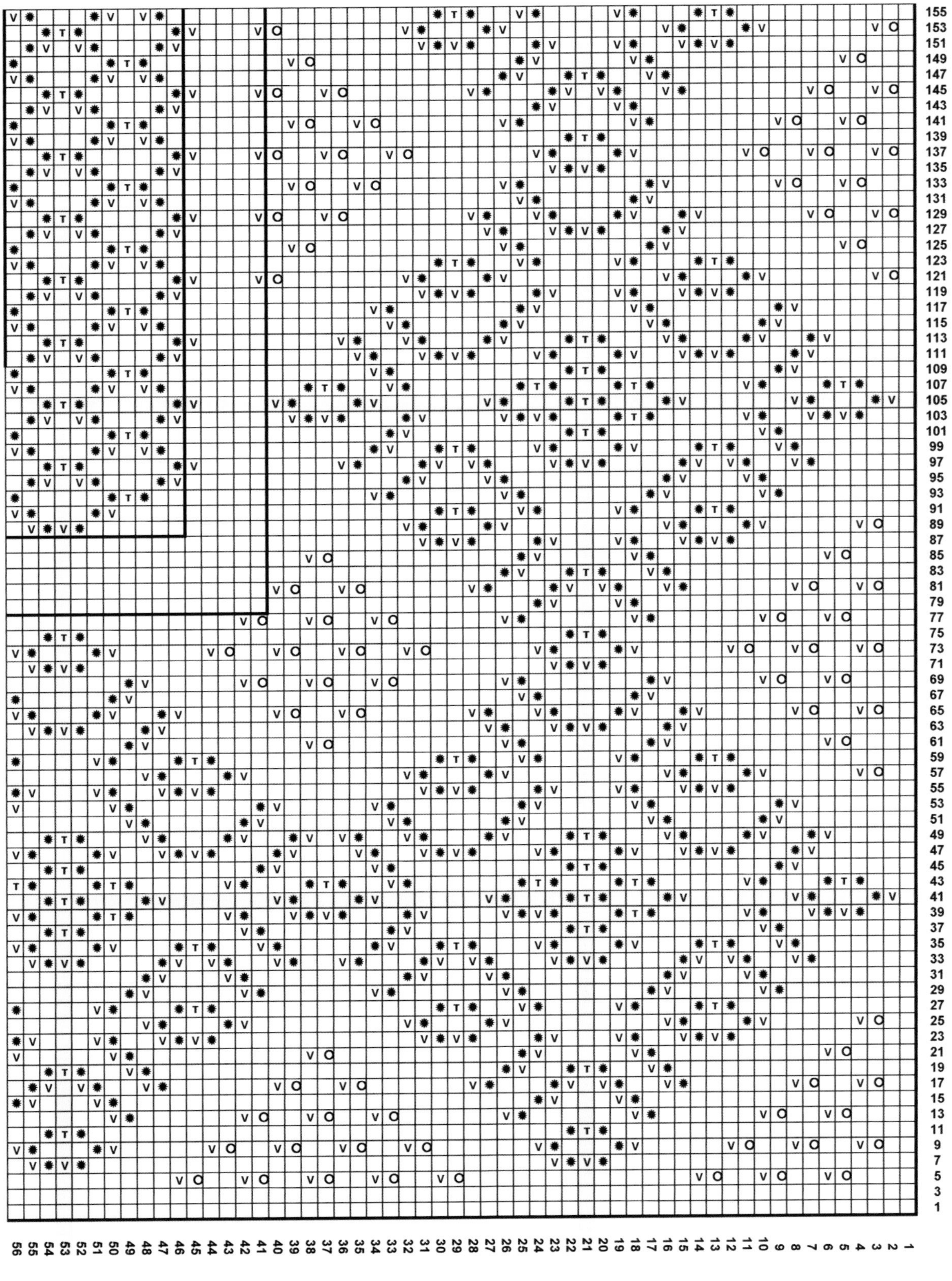

图解：方披肩马林果（第5部分）

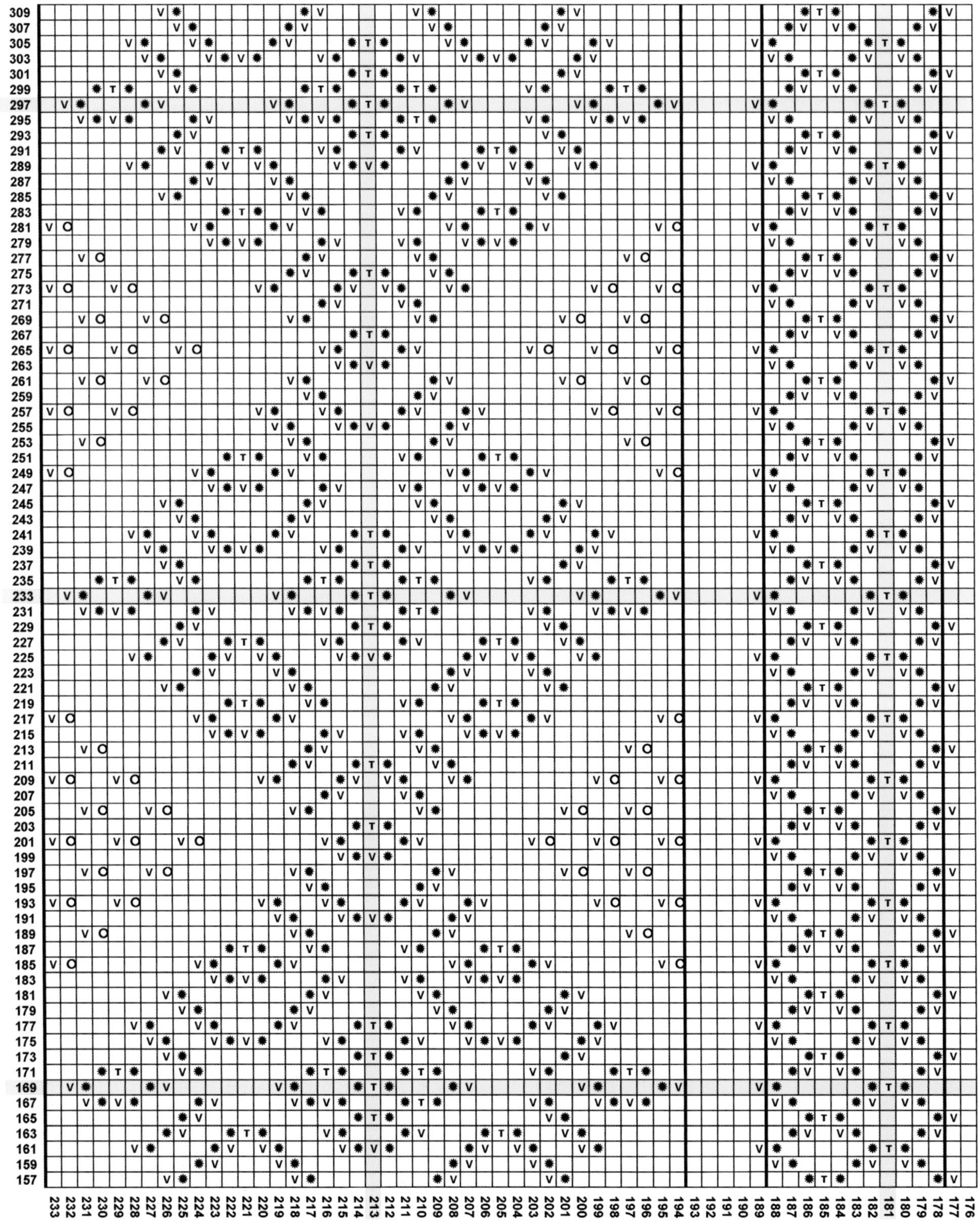

图解：方披肩马林果（第6部分）

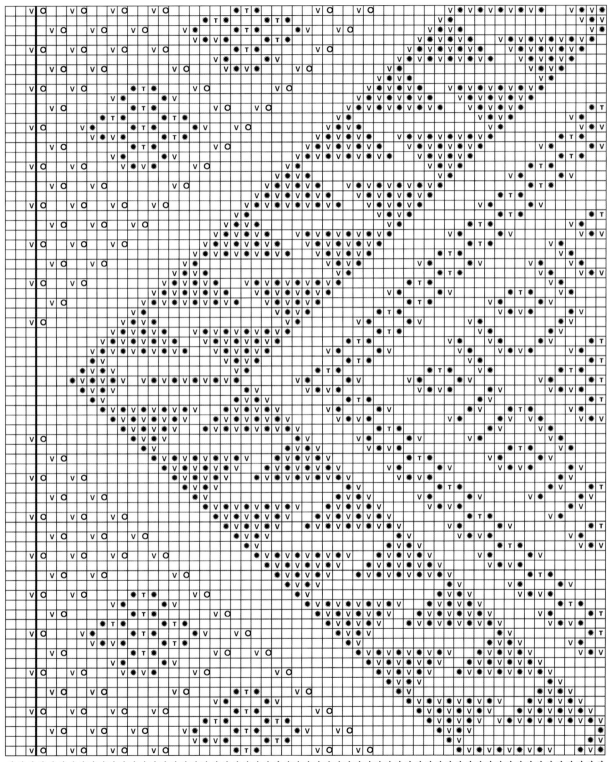

图解：方披肩马林果（第7部分）

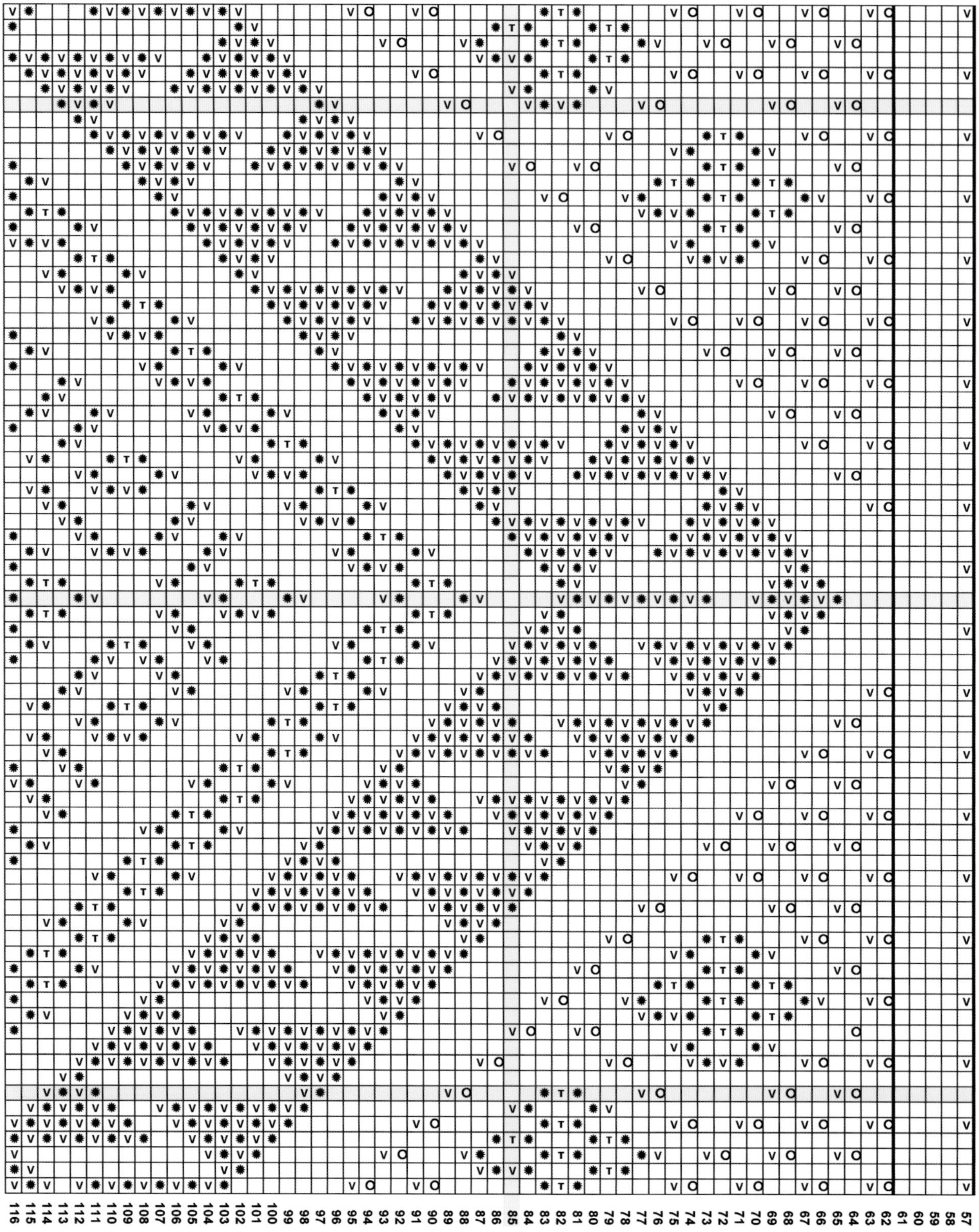

图解：方披肩马林果（第8部分）

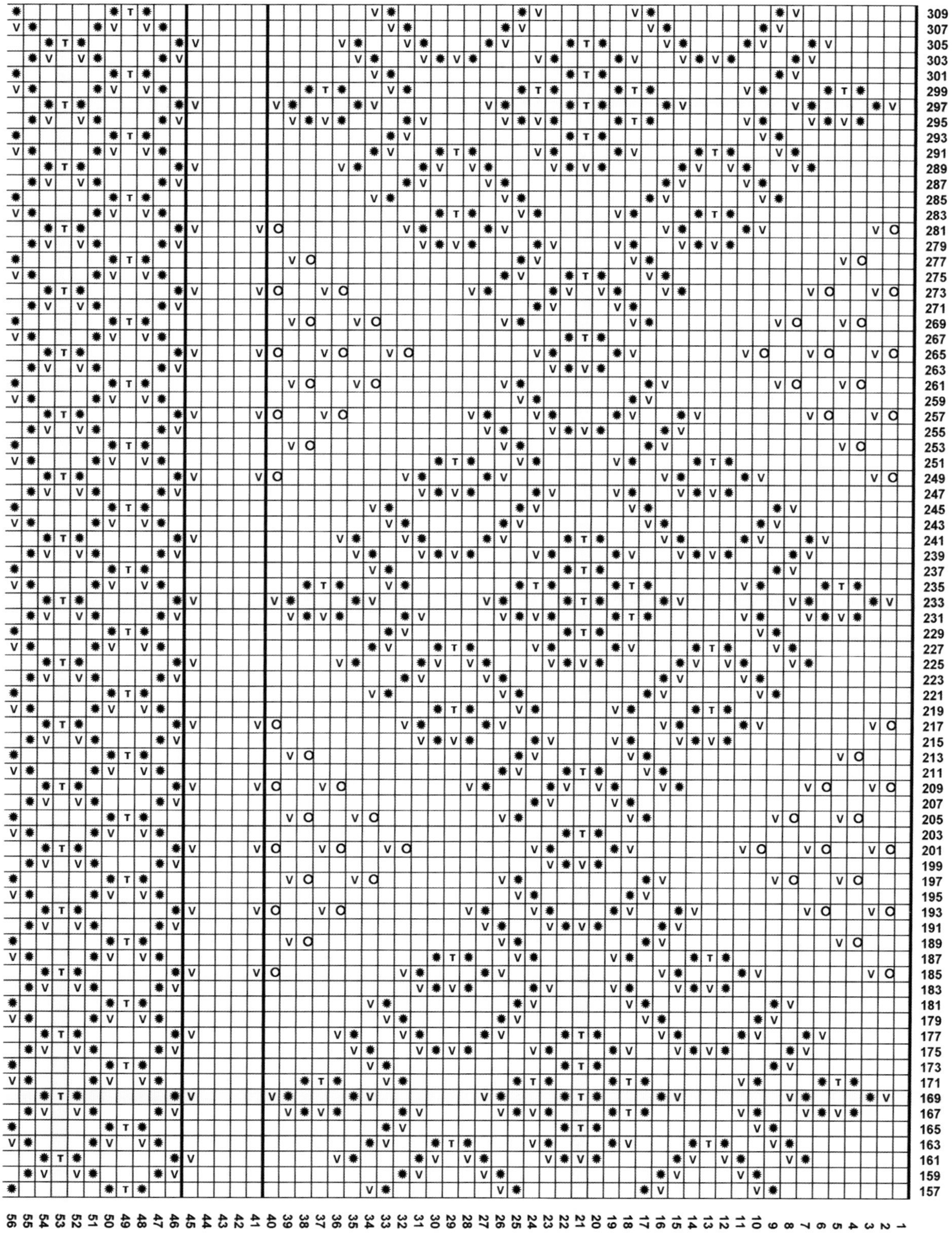

图解：方披肩马林果（第9部分）

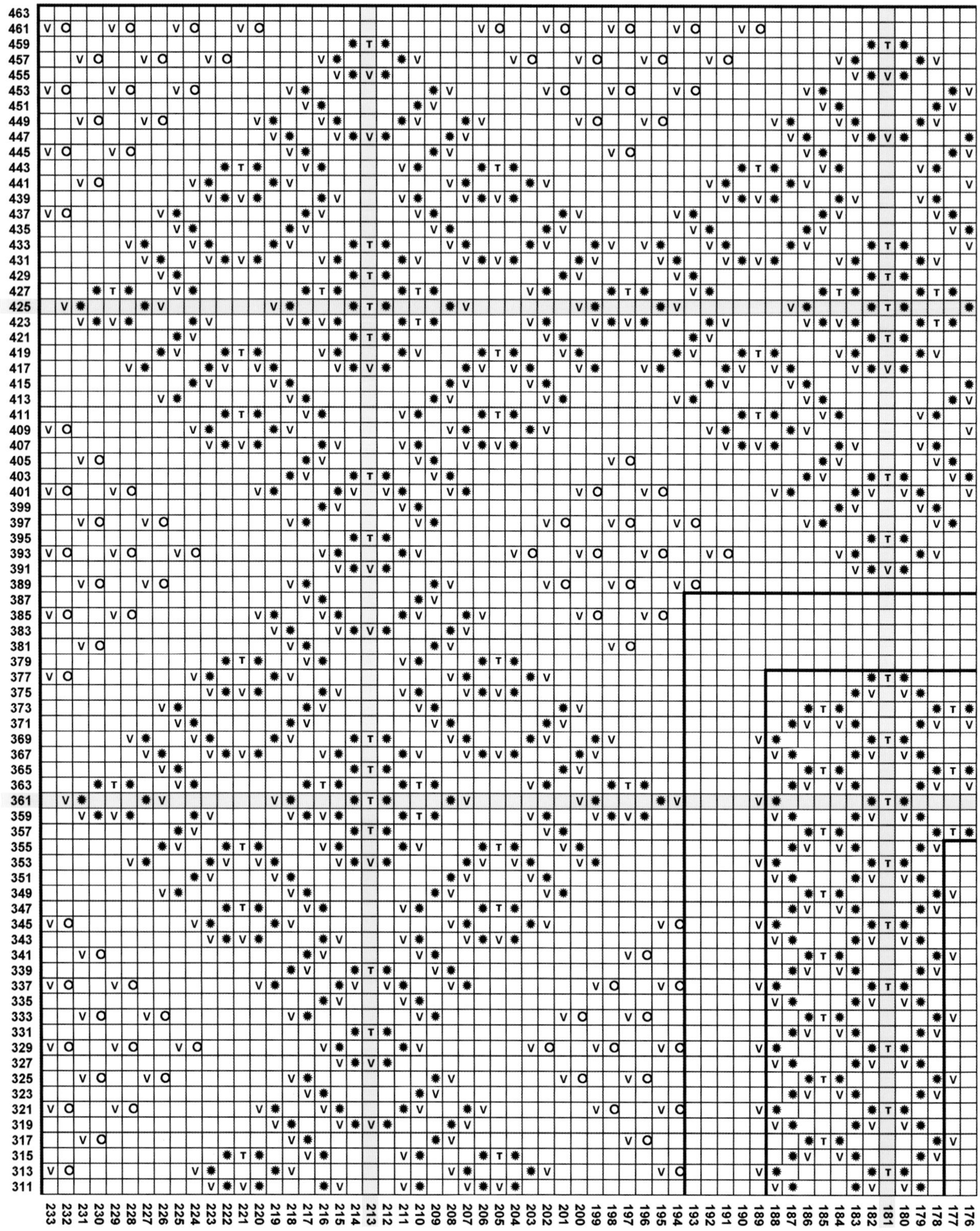

图解：方披肩马林果（第10部分）

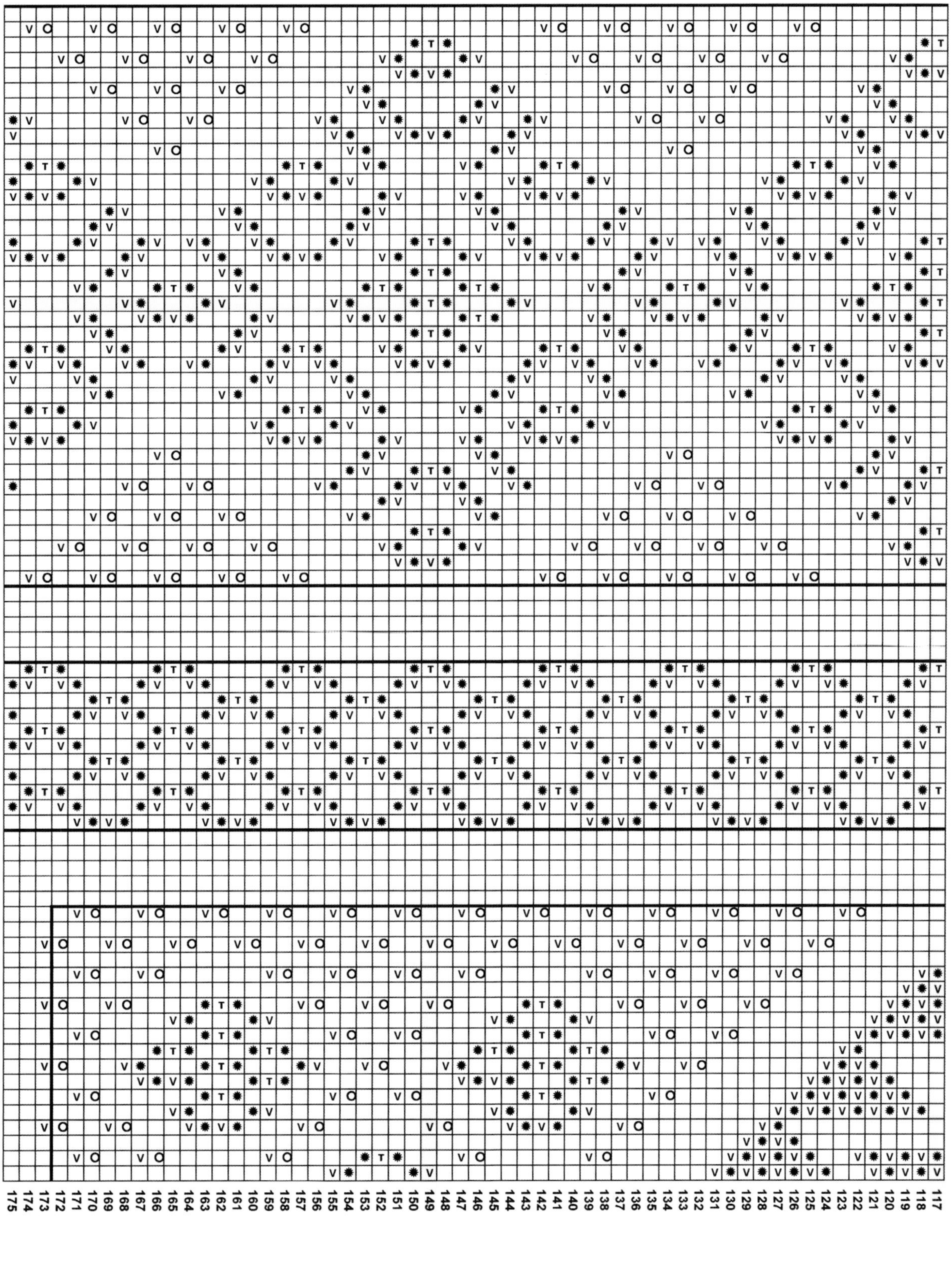

图解：方披肩马林果（第11部分）

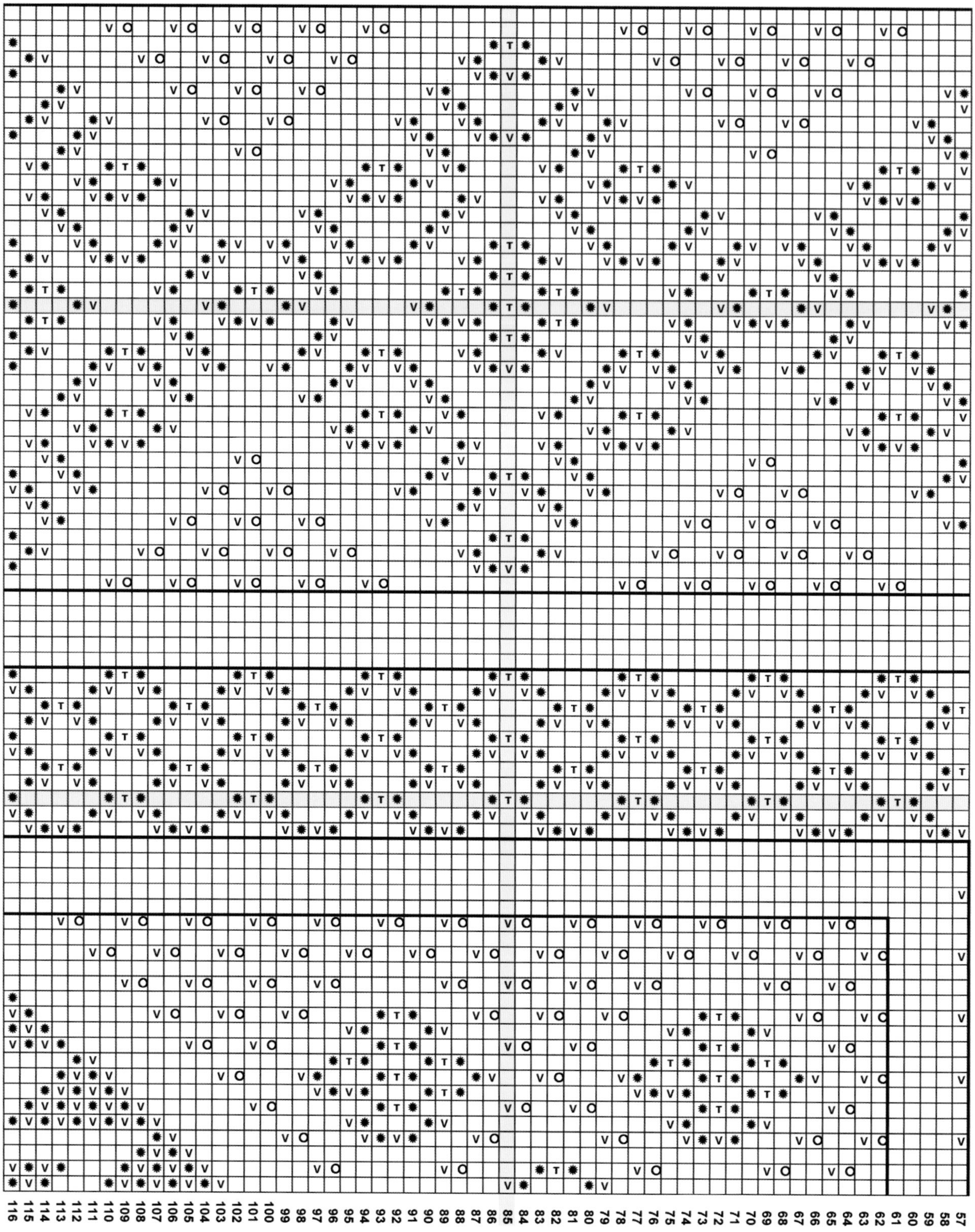

图解：方披肩马林果（第12部分）

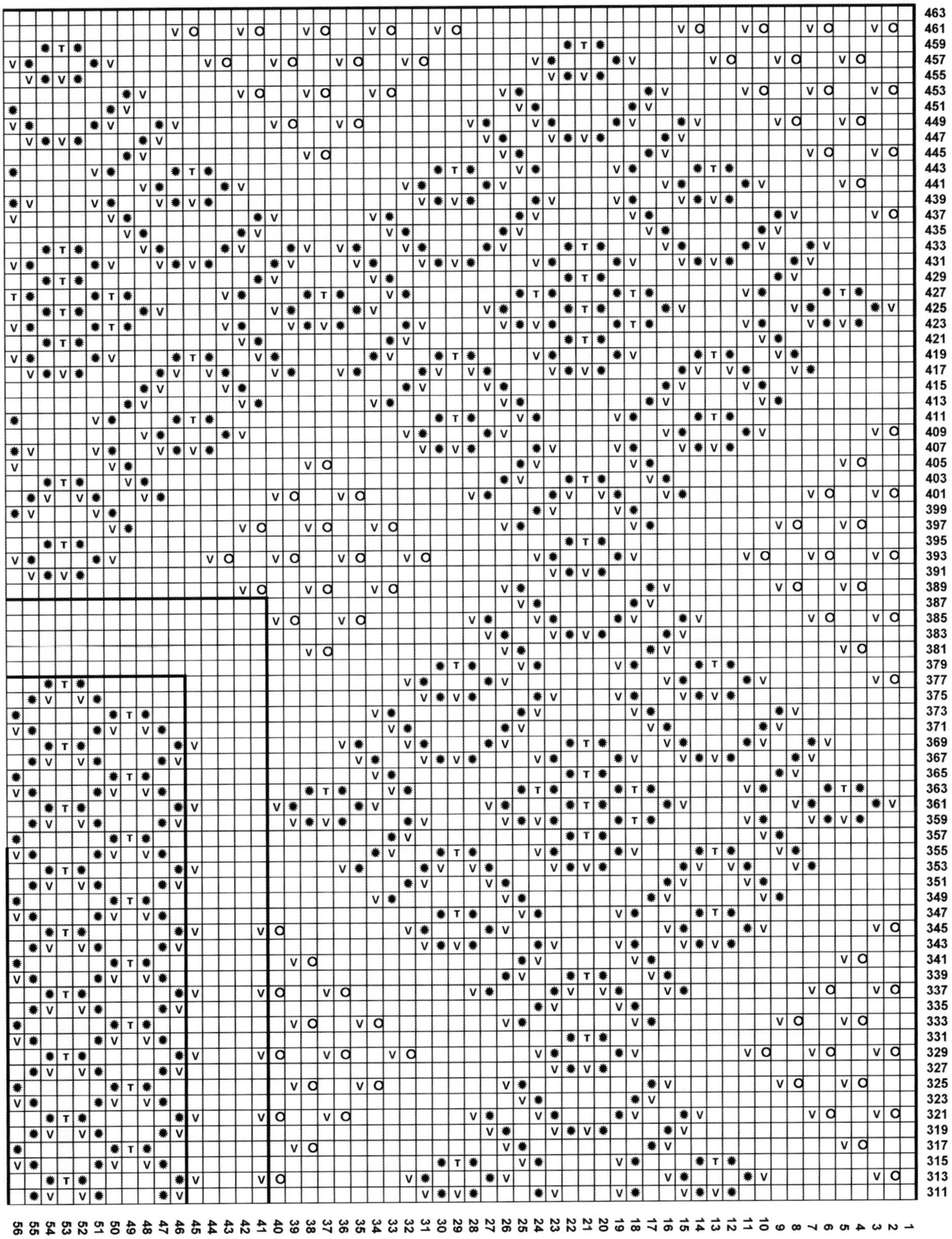

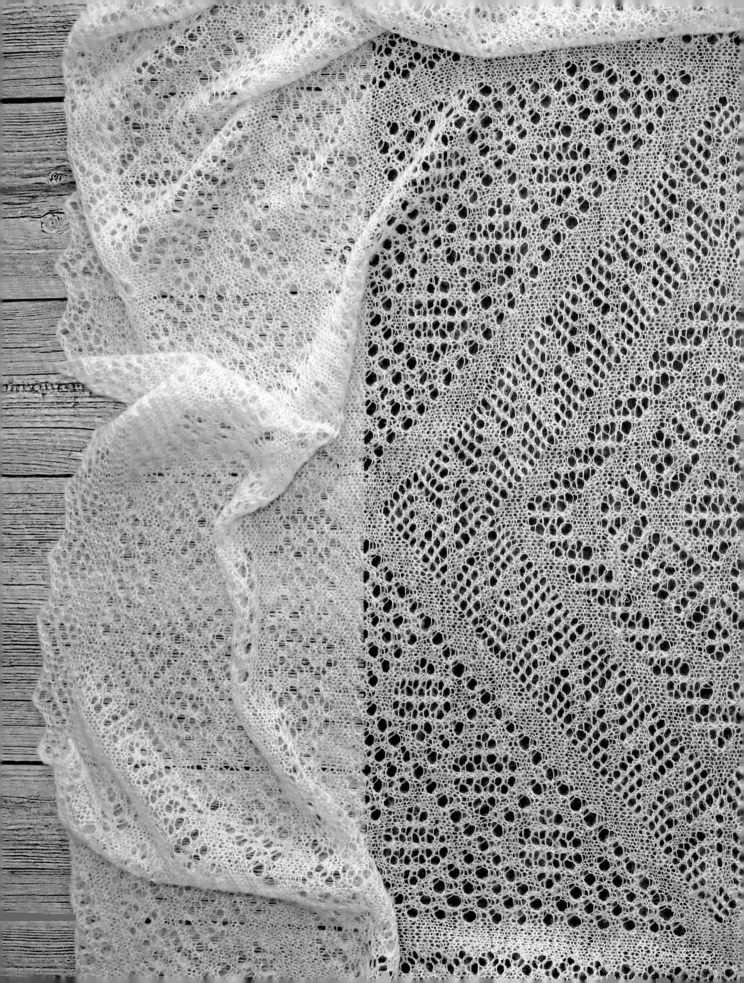

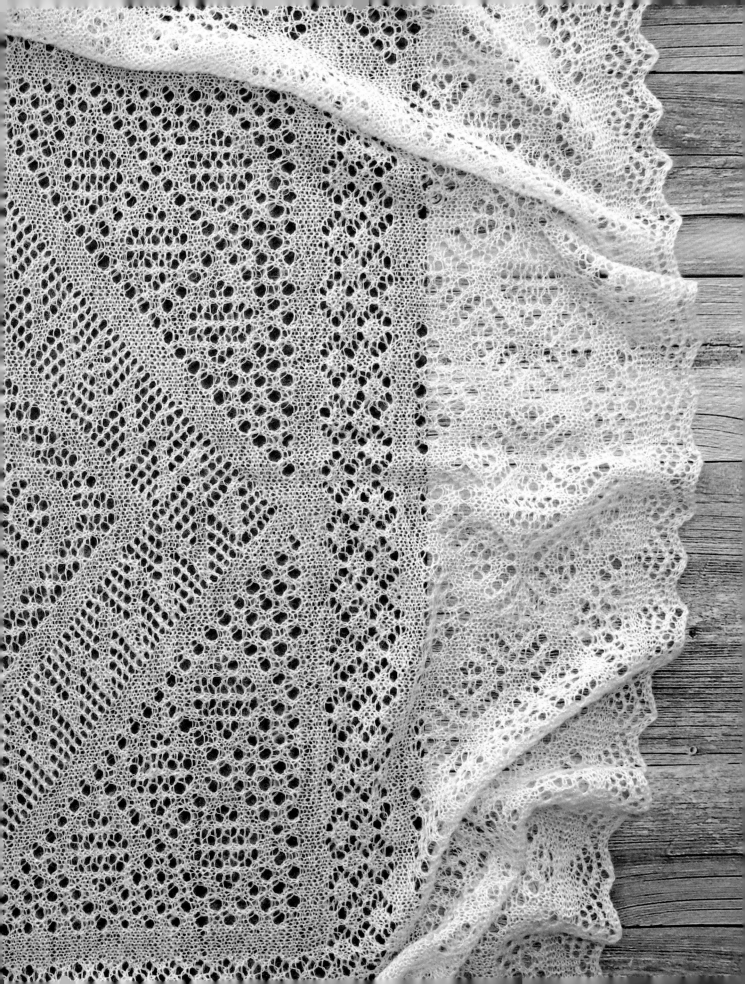

白天鹅
（长披肩）

这款披肩中使用到了一些每行都要编织镂空针法的花样，如豆子、鱼儿和罕见的口琴花样。这条长披肩具有传统结构，中心织片有3个徽章花样，最大的特色在于装饰边框中上方和下方双行排列的雪花花样。

这样的花样填充让它显得柔美飘逸，但是也对编织者的专注度提出了更高的要求。

长披肩尺寸：宽为19个齿状花样（153针），长为41个齿状花样

定型后的参考尺寸：80厘米×160厘米

你将需要

- 马海毛线1000~1500米/100克，100克
  （约1500米）

- 棒针：1500米/100克的线材使用2毫
  米棒针，1000米/100克的线材使用
  2.5毫米棒针

可以通过扫描二维码查看
清晰的完整图解。

编织方法

1 编织下方齿状花边。

   使用任意起针法起13针，编织第0行，然后按照
   图解编织下方齿状花边。

齿状花样的重复单元以黄色格子标出。

共编织19个齿状花样。

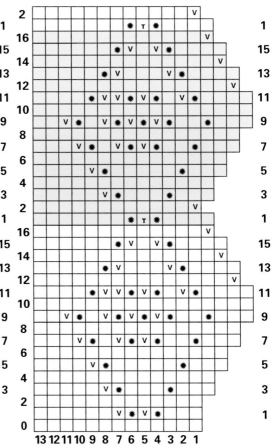

左侧齿状花样图解　　　　　下方/右侧/上方齿状花样图解

2 为披肩主体部分挑针。

编织下一个齿状花样的第1行正面行，棒针上余14针。为披肩主体部分挑出153针。由于边针的位置少1个，所以要加1针。此时还没开始为左侧齿状花边挑针。

接下来的反面行（第2行）编织下针。不要忘了按照齿状花边的图解将行末的2针一起编织下针的2针并1针。

现在棒针上为153针主体部分、13针右侧齿状花样。

3 为左侧齿状花边挑针。

编织下一个齿状花样的第3行，然后是披肩主体部分图解的第3行，先挑出左侧齿状花样的针目，再按照左侧齿状花样图解的第3行编织花样（见107页第3步）。

现在披肩的所有针目已完成起针：14针左侧齿状花样，153针主体部分，14针右侧齿状花样。共181针。

反面行编织下针。

4 按照披肩图解继续编织，完成披肩（见110页第5步和111页第6步）。

5 为完成的披肩定型（见118页）。

这条披肩我使用的线材为Astro（50%马海毛，47%锦纶，3%羊毛）

口琴花样形成的篱笆饰带图解
以棋盘格排列
（棋子花样）

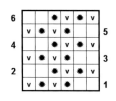

图解：长披肩白天鹅（第1部分）

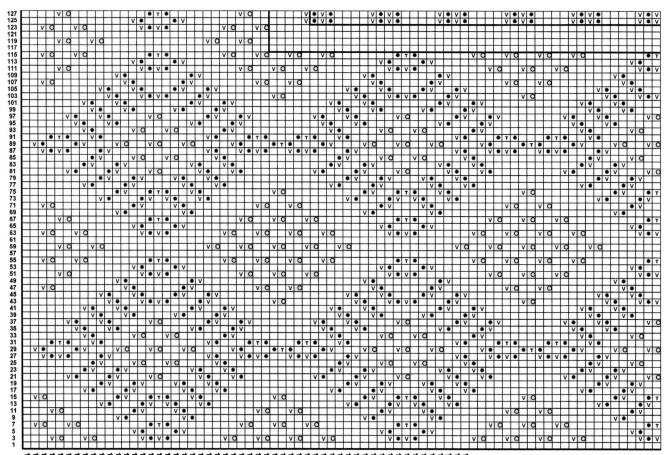

图解：长披肩白天鹅（第2部分）

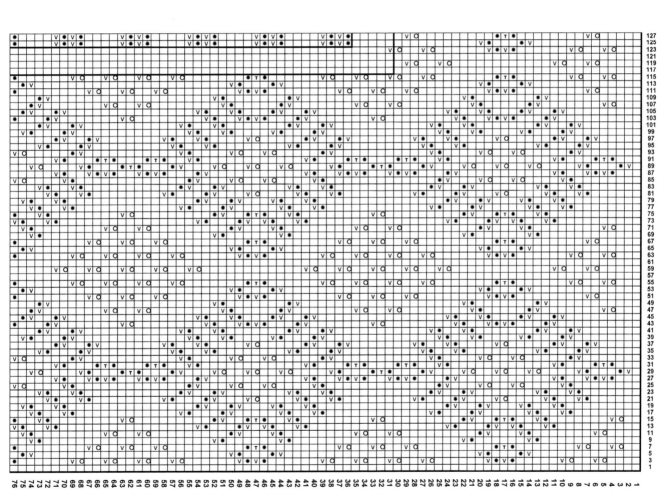

图解：长披肩白天鹅（第3部分）

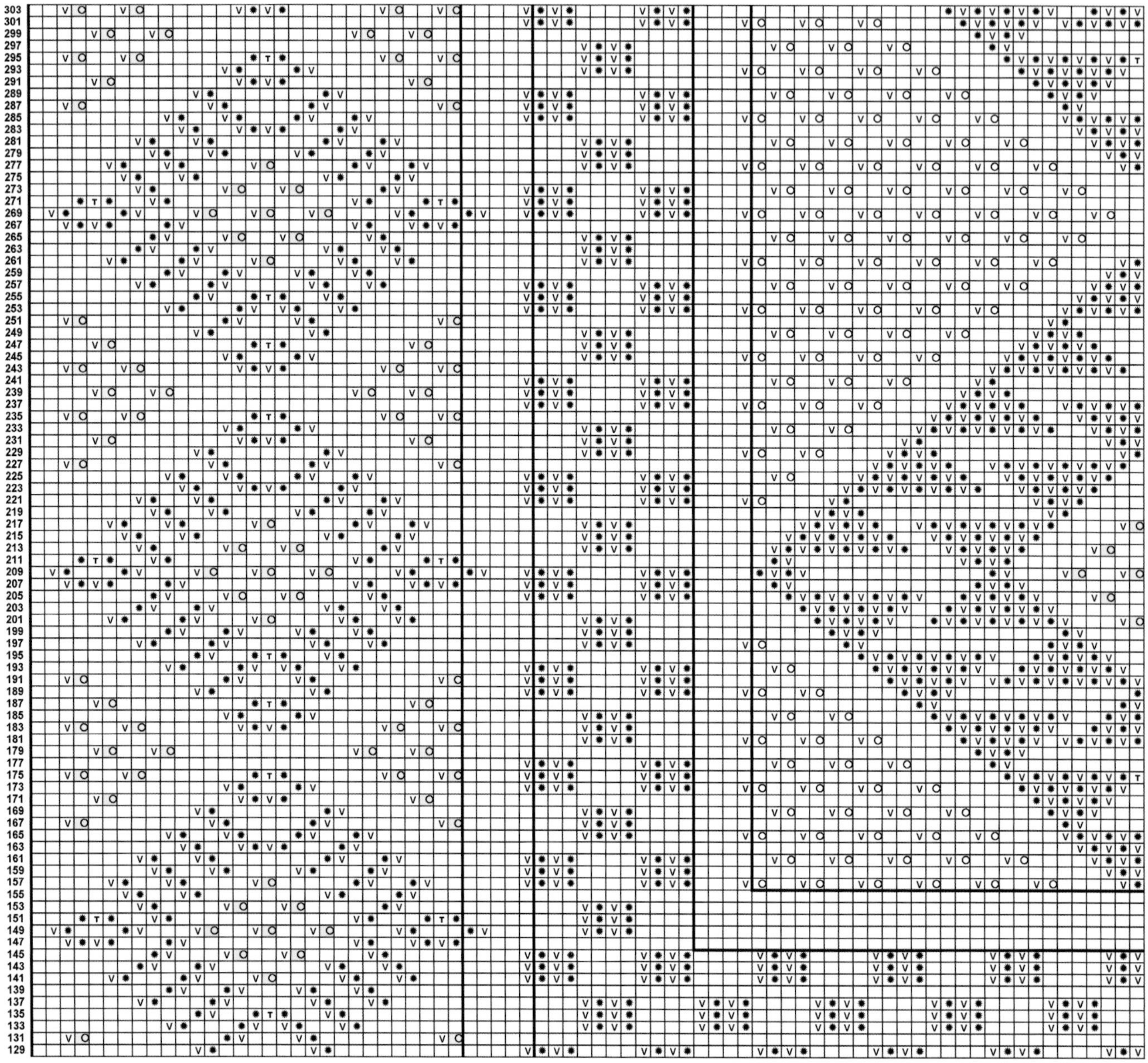

图解：长披肩白天鹅（第4部分）

图解：长披肩白天鹅（第5部分）

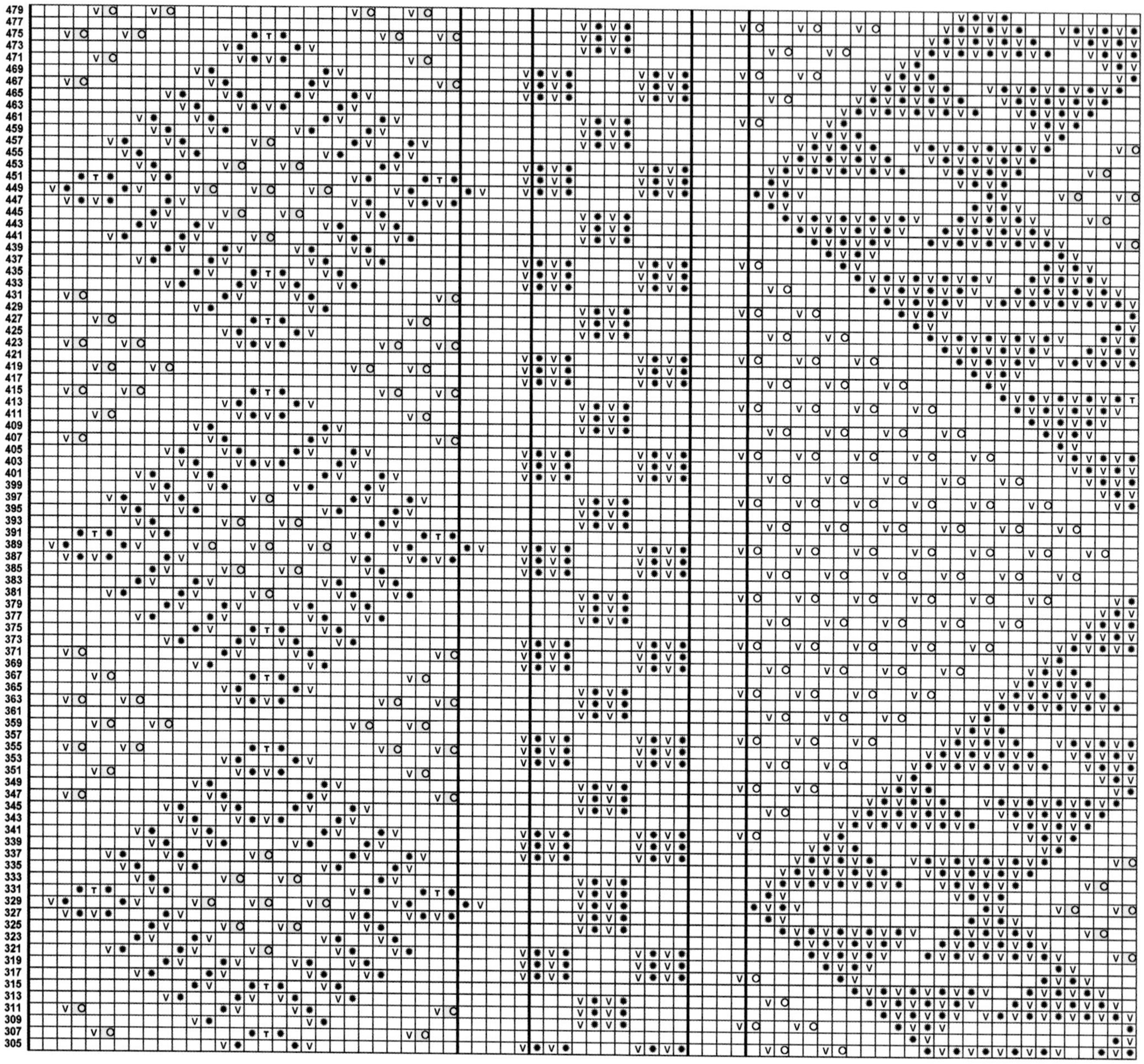

图解：长披肩白天鹅（第6部分）

图解：长披肩白天鹅（第7部分）

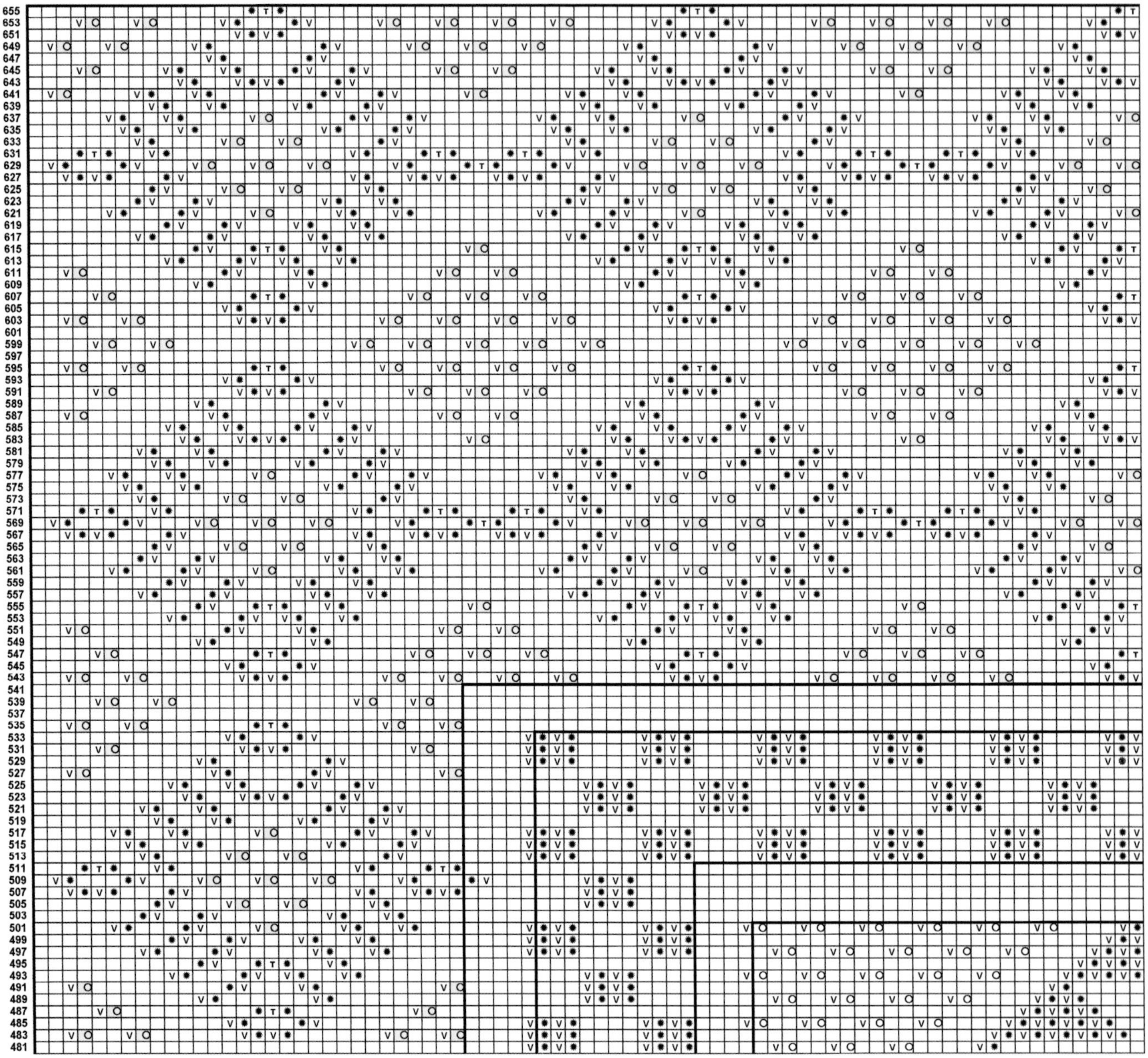

图解：长披肩白天鹅（第8部分）

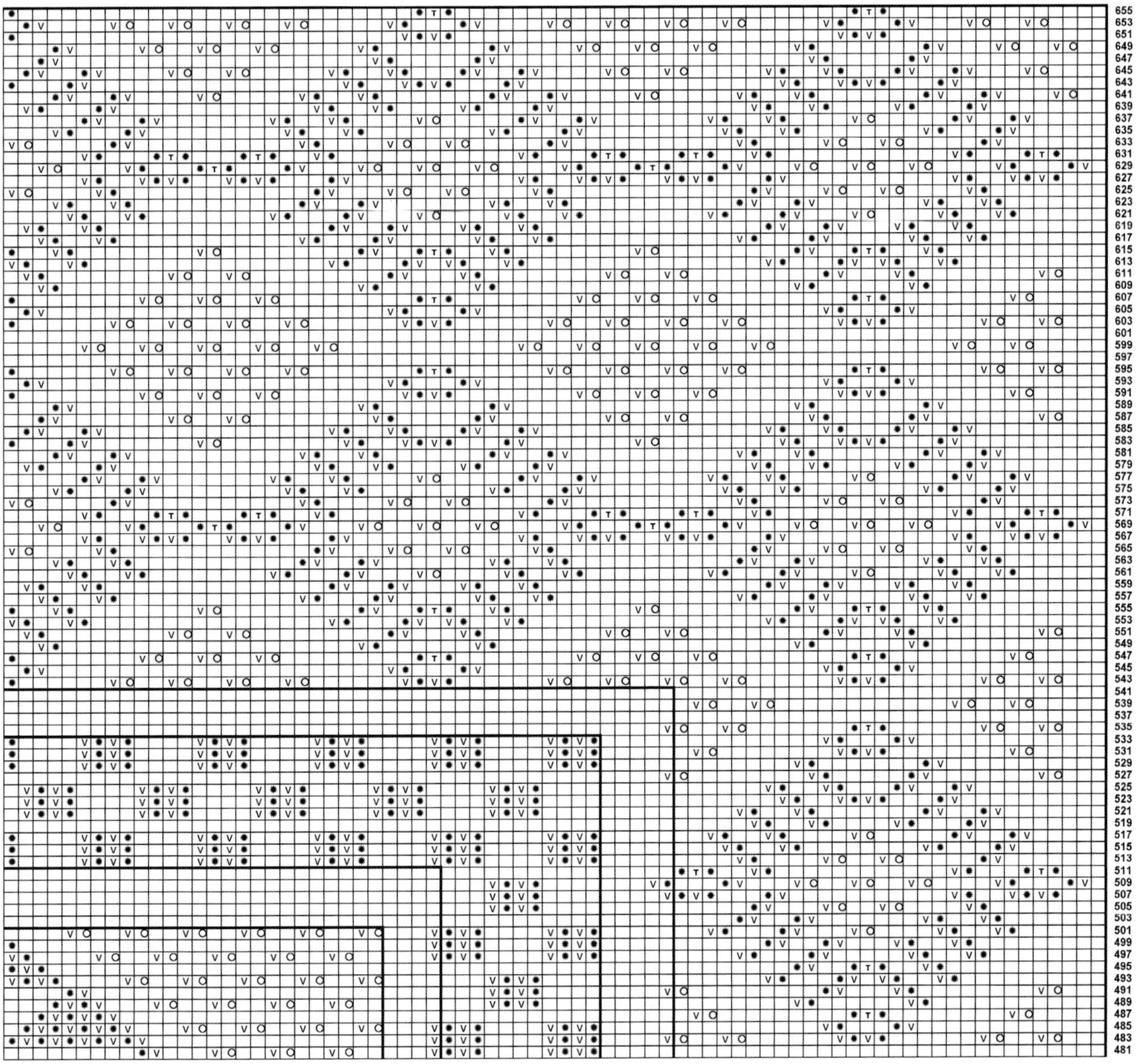

披肩的保养

为了让披肩能保持理想的状态陪伴你更久，请遵守以下几条简单的规则:

1 将完成的披肩仔细地卷起来，保存在衣柜的搁架上。可以卷成筒状，放进亚麻布的袋子或纸袋子里——这样就不会有磨损。

2 如果担心不速之客（蛾子——所有编织人的噩梦），可以放一小袋驱除飞蛾的药，如薰衣草、柑橘类果实的皮等。

3 可以每隔几个月（不要超过半年）取出披肩，将它平铺在桌面上，使披肩上的褶皱恢复平整。避免在保存过程中形成无法消除的褶皱。

4 如果你的披肩并非每天佩戴，且上面没有明显的污渍，只需要定期拿出来通风即可。

5 披肩上出现的污渍可以先用酒精湿巾擦拭。如果是油污，可以滴少量洗洁精清理。如果是普通污渍，用刷子进行清理即可。

6 如果一定要清洗成品，请参照118页的说明进行。

祝你愉快地编织和佩戴披肩。

致　谢

我要感谢奥尔加·亚历山德罗夫娜·费奥多罗娃，正是她那本杰出的《奥伦堡披肩是这样织成的》一书，为和我一样的手工艺人开启了新世界。感谢她，使我迷上了这门神奇的手艺。

感谢美国的莉莉娅（纳夫）早期为我提供的支持和帮助——帮助我收集关于花样命名、花样组合等资料。

郑重感谢奥伦堡美术博物馆：伊琳娜·弗拉基米罗夫娜·布舒希娜不仅赠送了我画册《奥伦堡绒毛披肩》，而且在奥伦堡绒毛披肩的藏品保存工作中做出了巨大贡献。感谢玛尔加丽达·叶列梅耶娃的帮助和配合，以及尤利亚·埃杜阿尔多维奇·科姆列夫经理的反馈。

还要向叶连娜·伊凡诺夫娜·戈特利布致谢，她不仅向我打开了编织披肩的魔法世界（在此之前我从未编织过这种作品），还赠送了我第一份真正的奥伦堡绒毛线。

当然了，还要感谢我的家人。感谢我的丈夫，他赠送给我图书，让我从此对奥伦堡披肩着迷。感谢我的儿子，他帮我完成了本书出版前的图片编辑工作。